我决定真心对自己好一点

张锦花 著

中国中医科学院广安门医院心理科医生

天津出版传媒集团

天津科学技术出版社

图书在版编目（CIP）数据

我决定真心对自己好一点 / 张锦花著. -- 天津 ：
天津科学技术出版社，2025. 7. -- ISBN 978-7-5742
-3058-3

Ⅰ．B84-49

中国国家版本馆CIP数据核字第2025FJ4603号

我决定真心对自己好一点

WO JUEDING ZHENXIN DUI ZIJI HAOYIDIAN

责任编辑：张　冲　王　璐

出　　版：天津出版传媒集团
　　　　　天津科学技术出版社

地　　址：天津市西康路 35 号

邮　　编：300051

电　　话：（022）23332490

网　　址：www.tjkjcbs.com.cn

发　　行：新华书店经销

印　　刷：唐山富达印务有限公司

开本 880×1230 1/32 印张 8.75 字数 176 000
2025 年 7 月第 1 版第 1 次印刷
定价：58.00 元

推荐序

作者张锦花是我的博士研究生。2010年，张锦花来到广安门医院读硕士研究生，从硕士期间一直跟随我出诊，直到后来读博士，再后来留在医院工作。她是我带过的学生中少有的情商高但不圆滑的人，待人真诚；也是带着光的人。她性格开朗、心地善良，人缘好，喜欢哈哈大笑，经常未见其人先闻其声，总能给身边人带来欢乐，对人有耐心，对心理学有热情，也有很高的悟性。

我常与学生说："每位患者都不容易，我们要尽力帮助他们，有时候不能只从医生角度、只用专业知识去看他们，更多的是看到这个真实的人，用更接近他们的方式治疗他们。"想来她是全都听进去了，而且也认真执行了。

如今，她是临床经验丰富的中医心理与睡眠医学专业的主治医师，也是一位踏实肯干的心理治疗师。在患者眼中，她既是那个在门诊时总能"听懂你话的人",又是能"讲明白专业话"的医生,也因此常常收到来自患者的锦旗、表扬信等。她经常跟我说:"老师,其实很多人不是不想改变,而是没找到理解他们的入口。"她始终相信:心理科普不是高高在上的,而是要走进人心、贴近生活,接地气。

所以,书里没有高深晦涩的专业术语,有的是她对现实生活的敏锐观察,以及一颗想真心帮助他人的心。她在书中将中医"身心合一"的理念与现代心理科学相结合,用朴实的语言,讲述我们每个人都可能经历的心理困扰与睡眠难题。更难能可贵的是,书中并不只是与你的痛苦共情,还告诉你:你可以怎么做。

从调节思维习惯、情绪识别,到建立心理边界、改善睡眠节律,再到自我关怀、反思成长,书中给出了许多实际可行的建议。这些方法并不复杂,也不依赖任何神奇手段,而是回归了心理学最朴素的一点:帮助人认识自己、理解自己、照顾自己。你会感觉她是一位既懂心理,也懂生活的朋友,坐在你对面,听你唠叨、陪你发呆、替你分析,也轻轻地拉你一把,告诉你:"没关系,我们慢慢来。"

但在专业领域,她却毫不含糊,不仅用专业知识普及心理问题防治的重要性,还直言不讳地指出有些人真的需要治疗。很多人看心理类的书时,仿佛沉溺于某种虚幻的情结:我多读些书,学会些方法,就一定能好。这种认知误区需要被打破,并回归现实,因此,专业性知识必不可少。

作为她的导师，我看到了她在临床上的认真与专业，也看到了她写作时的投入与细心。她始终坚信，医学的意义不仅是治疗疾病，更是理解人、陪伴人、点亮人心。她把这份信念融进了每一篇文章里，希望通过这本书，温暖每一位正在经历情绪波动或睡眠困扰的读者。

相信我的学生，未来一定会更好！也相信你在这本书中，能找到一个理解你的人。你会发现，所谓心理调适，不是非得惊天动地，而是从一个念头、一顿饭、一次呼吸开始。

愿你翻开这本书时，内心有所触动；合上书本时，心中多一点从容与安定。

愿我们都能睡得安稳，活得明白！

——汪卫东

中国中医科学院首席研究员
中国中医科学院广安门医院原副院长，主任医师，博士生导师
国家中医药管理局中医心理学重点学科学术带头人

我决定真心对自己好一点 | 目 录

第一章

每个人的内心
都住着一个
迷路的小孩

第二章

为我们的情绪
重建『心灵防护网』

第三章

具有『人格特质』人群的
心理急救策略

第四章

拆掉「心理障碍」那堵墙
看到灵魂的光

第五章

别让脑海里的「战争预演」
吞噬掉你的能量

第六章

让你时刻
元气满满的
开启心灵自愈模式

第七章

从社交恐惧到
精准拿捏人性的
底层逻辑

第一章

每个人的内心
都住着一个
迷路的小孩

01

不断加戏的大脑剧场：终止你的胡思乱想

在我下笔的这一刻，脑海中出现了各种各样的想法和画面：我该写点什么呢？写了之后大家会喜欢吗？写的内容能否对大家有帮助？读者会不会觉得我在说废话？我能坚持不懈地写完这本书吗？我以前干很多事情总是半途而废。哎！不对，我好歹读完了博士，肯定可以。我得将写毕业论文的劲头拿出来进行创作，不过要是写得太投入忽略了孩子和家人怎么办啊？不行，我觉得我没有思路，要不先听会儿歌找找感觉吧！要不先喝口水吧！算了，我还是站起来，在房间里踱踱步子放松一下吧！终于，坐下了，这次必须下笔了。晚上安静有思路，不得不熬夜写，但明天还要上门诊可怎么办呀？病人太多了，自己状态不好影响工作，怎么办？算了，我好累，还是先玩一下游戏，然后睡觉吧！不行，不行，我不能太颓废，对不起别人对我的信任。哎呀！好乱，我到底在想什么啊？脑袋里一团乱麻，盯着电脑屏幕，半小时、一小时过去了，电脑上一个字也没有敲出来。

你会说，你这是在胡思乱想吧？没错，我就是在胡思乱想。

从记事开始，我觉得我就没有停止过胡思乱想。很小的时候，我总会忍不住想，这个东西被我弄坏了，会不会被爸妈揍啊？他们会拿什么揍我呢？打坏了或者打死了怎么办？有时候想着想着我就哭了，导致家里人经常迷茫和不解地看着我；我还会经常想，爸爸妈妈老吵架会不会离婚啊？如果父母离婚，姐姐和妹妹跟谁过，我应该选择跟谁过？万一父母离婚后又结婚了，继父或者继母不愿意我们与他们一起生活，怎么办？

我即将上学时，心里便发怵。如果老师和同学都不喜欢我，怎么办？我那露脚趾的袜子被同学发现，会不会嘲笑我啊？我长得是不是很丑？同学会嫌弃我吗？未来会不会有人喜欢我？上课时举手上厕所会不会被老师骂啊？考试考不好，怎么办？要是成绩下降了，怎么办？如果考不上高中，考不上大学，考不上研究生，怎么办？

刚恋爱的时候，我又开始胡思乱想了。万一明天见面他说话声音很难听，怎么办？他如果是个大龅牙，怎么办？他会是个大渣男吗？他会是个吝啬鬼吗？……谈恋爱时，他怎么不回我信息，是不是不喜欢我了？他是不是想和我分手？他是不是不想跟我结婚？

直到现在，虽然我从事着心理方面的工作，但是依然会胡思乱想。胡思乱想偶尔会影响我的工作、学习、睡眠。最终，它成为我日常生活中的小插曲，成为我思维活动的一部分。

胡思乱想是我们每个人都会遇到的问题，没有谁可以逃脱。于我们而言，只要思想在活动，胡思乱想就是我们逃不过的宿命。

小时候的我们、成长中的我们、长大后的我们、年老的我们，甚至临终前的我们都会胡思乱想。婴儿用我们听不懂的语言、看不懂的表情表达他们的胡思乱想；幼儿园小朋友与父母分离时会恐惧，其实就是胡思乱想的结果；小学生会因老师的表情、同学们的评价而胡思乱想；青春期少年更是胡思乱想的主力军，活跃的脑细胞会让他们为各种各样的事情胡思乱想；恋爱中的人，因为对方迟回信息而胡思乱想；下级给领导汇报工作前总会胡思乱想；老师给孩子们上课前，也会胡思乱想；父母面对孩子时，也会胡思乱想；老人总是时不时担心自己的孩子受到伤害，担心自己得病，担心随时到来的死亡。

只要有自己关心的事情、在意的事情，自然就会胡思乱想，所以说只要还活着就难免有胡思乱想的时候。只不过有些人过于胡思乱想，导致慌张和恐惧，进而深陷焦虑的旋涡；还有些人对胡思乱想本身特别害怕，觉得胡思乱想是坏事，总想控制、暗示自己不要有那些乱七八糟的想法。其实，胡思乱想并不全是坏事。在某些时候，胡思乱想能够让我们的大脑得到放松。适度的胡思乱想还可以帮助我们整理思路。当我们在疲劳或紧张的时候，胡思乱想让我们的大脑有了喘息的机会。大脑自由地想象是大脑休息的一种自我保护，同时，也提醒我们是时候该休息一下了。而对充满未知的未来迷茫的时候，胡思乱想可能是我们的思维火花，能够提供一些可能的灵感和思路及应对挫折的预演，或者对未来的憧憬，对危险的提醒。在面对胡思乱想时，最重要的一点：不要恐惧。只要你不怕它，一切就慢慢变好了。当冷静下来时，我们会发现，之前难以克服的困难似乎有了一些思路，而且我们比之前更加理性了。

就像我在文章开头所写，自己胡思乱想了一通，其实归根结底就是我太懒了，不想写稿子。如果我今天完不成交稿任务，除了担心交不了稿子，我更担心的是失信于人这个后果。下班了只想休息，可当接到编辑的催稿提醒，只能逼着自己，硬着头皮坐在电脑前，准备完成这周的稿件任务。逼迫自己，怎么会有灵感和思路呢？什么都写不出来，只能让自己更加焦虑、自责、烦躁。既然徒想无功，只好关机睡觉。

当然，胡思乱想可能还会持续一段时间。比如，睡觉的时候。哎！怎么睡不着呢？明天还有新的任务要执行，没有精力可不行，得赶紧睡，快点睡吧！可是今天一个字也没有写出来，这周的写作计划完不成怎么办？刚才坐在电脑面前的时候好像有一点思路了，要不起来写会儿稿子？我先写胡思乱想呢，还是先写精神内耗呢？哎呀！不好。我又开始胡思乱想了，停停停，该睡觉了。调整一下思绪，今晚想做个什么样的梦呢？我一直想去雪山。雪山长啥样来着？努力想，嘿，睡着了。

第二天，一整天都在寻思稿件的事儿，感觉好像有点思路了，下班回家写一下吧！就这样，我终于下笔了。

其实，胡思乱想就像在一片混沌的海洋中航行，每一个念头都是跳跃的浪花，有时它们带你发现新大陆，有时则让你觉得自己即将沉没。这恰恰就是胡思乱想的魅力所在，它无拘无束，充满了无限可能。在理解和管理胡思乱想的旅程中，重要的是学会识别这些杂念何时开始控制我们的情绪和行为。比如，在面临重要决策时，胡思乱想可能会加剧我们的焦虑感，影响我们的决策质量。

这时，我们可以尝试以下几种策略，让自己不再沉浸于胡思乱想的海洋，回归现实，避免焦虑，以轻松的状态，面对眼前的困难。

第一，不要怕

一般情况下，我们遇到事情时很容易想东想西。这是正常的情况，不要怕。这个念头往往转瞬即逝，很快会恢复。小学生默默告诉我，说："阿姨，我上课的时候总怕自己胡思乱想，一出现跟学习无关的想法或念头，我就很害怕，很紧张，担心自己是不是得病了。"我告诉默默："偶尔的胡思乱想并不是坏事，它会让你在枯燥的学习中得到一点休息，不用怕。"其实，胡思乱想是大脑通过自由发散的思维活动在进行复盘、预演和整理，并不是什么疾病。胡思乱想时，我们的大脑里好像在放电影，各种画面看似毫无逻辑却又关联紧密，有时还会一遍一遍地重复。如果我们害怕了，就会丧失理智，让胡思乱想朝着不可控的方向发展。这时我们要告诉自己：这只是大脑整理思绪的一种方式，没事的。我也是个普通人，会累、会紧张、有烦恼、有情绪，乱想就乱想吧，想一会儿没有多大影响，没什么好怕的，一会儿就好了。

第二，不控制

胡思乱想时，我们不需要强行去控制，因为越控制越容易引发胡思乱想，越容易引发紧张，反而会被胡思乱想控制。大脑很神奇，它是我们的思维中枢，看似被我们使用和掌握，却有着自己的小脾气：它不会完全遵循我们的所有指令，常像个青春期的少年，拥有很强的逆反心理。我们常说叛逆的孩子"让你向东，你偏要向西"，大脑也常呈现出类似的逆反特性——当我们试图阻止它产生某些念头或行为时，它反而会强化这些思维活动。好，既然这样，那我们让它继续这样想，这样做，暂时顺着它。它活跃一会儿之后自己就安静下来了。所以，我们胡思乱想的时候，不要试图控制，顺应接纳比强烈的压制要有用得多。

第三，会转移

之前有位来访者小鱼跟我说："我总是控制不住地胡思乱想，越想越害怕，越想越焦虑。"如果她男朋友不回她信息，她就会紧张担心，总是控制不住地想，为什么不回复她的信息，是不是烦她了？是不是想要分手？万一出意外了，怎么办？想着想着就往最糟糕的方向蔓延，还会出现心慌、出汗、发抖、胸闷、气短等焦虑症的躯体化表现。这时有个极其简单的方法：立即去做另外一件事。尤其对热衷于思维活动的人来说，起身运动或做点别的都是非常好的转移方式。如果暂时无法运动，可尝试深呼吸训练：长长吸一口气，然后憋住一小会儿，再大口吐出来，重复数次。你会发现那些杂念正逐渐失去控制力。

第四，会发现

查尔斯·达尔文在写《物种起源》时频繁体验到胡思乱想。他曾说过："我爱幻想……但我总是问自己，这会带我去哪里？"胡思乱想可以成为探索未知的工具。面对杂乱无序的生活或者压力时，大脑会展示出它头脑风暴的能力，以及极强的创新能力。它会自己寻找各种各样的念头，以便找到最佳的解决方法。这相当于在巨大的数据库中检索信息。这个过程必然夹杂着各种无用的信息，但也夹杂着许多有用的信息。胡思乱想时，不妨拿支笔记录那些有用的念头。经过系统梳理，零散的灵感可能会转化为解决问题的新思路。许多科学发现和艺术创作都源于对这些随机想法的探索和实践。

第五，会专注

如果常常困于胡思乱想中，那么我们可以通过专注训练来减少这种情况的发生。记得当年，我在等待硕士考试成绩时，特别容易胡思乱想，实习时也总是走神。因为那个时候我是跨专业考研，相比专业医学生，基础薄弱，缺乏自信，总是担心自己考不上，一静下来就胡思乱想，搞得自己很烦躁、疲惫。后来我想这样不行，心里太难受了。于是，我去玩自己喜欢的闯关游戏和解密游戏，去看言情小说、武侠小说，还会到学校湖边慢走，听音乐或写诗。这些让我很快从胡思乱想的思绪中走出来，而且让我的专注力得到了很大的提升。现在当我难以集中注意力，或者胡思乱想时，我还会这么做。当然，还有一些活动有助于训练我们的专注力。比如，串珠引线、填图游戏、拼图游戏、数字油画等手工活动；还有魔方、九连环、鲁班锁等益智玩具；当然，听音乐、读书也是很好的办法。

我们要接受自己的全部，包括我们的不完美。只有我们接受自己，才能更加宽容地看待自己，更加宽容地对待他人。这种心态的转变为我们带来的不仅是内心的平静，还有与他人更深层次的联结。

希望每一位读者朋友都能找到与自己内心深处胡思乱想和解的途径。不必恐惧，不必逃避，正视它，拥抱它，让它成为自我发现和成长的一部分。如此，我们才能在这看似纠缠不清的宿命中，找到属于自己的一片宁静和光明。

呼吸训练：吹泡泡

01 提前准备一瓶泡泡液＋吹泡泡工具，或者一瓶水（手边的饮料也可以）和一根吸管。

02 蘸取适量泡泡液（或对着吸管），先吸气（3秒）——停顿（2秒）——吹泡泡（3~4秒）——停顿（2秒）——再吸气（4~5秒），如此循环5~10次。

03 如果感觉憋气，可以停下来，随意吹着玩，缓一会儿再继续。

当我们胡思乱想时，深呼吸可以帮我们放松，保持专注，但很多人一开始不知如何下手。这个小游戏可以帮助我们锻炼深呼吸。快快吹起来吧！

02

反刍思维：与反复咀嚼烦恼的自己进行和解

说到反刍，你的第一反应是什么？

是反刍思维？其实，我首先想到的是牛和羊。在我的记忆中，只要见到牛和羊，它们总是安详地站着，嘴里却不停地咀嚼着。老人们管这种行为叫"倒嚼"。"倒嚼"就是反刍的俗称。我们的反刍思维就类似牛羊的"倒嚼"。不过牛羊的反刍是因为其生理结构以及生存需求而出现的。牛羊具有特殊的胃结构，可以将吞下的部分食物消化后，再次通过食道返回到嘴里，进行反复咀嚼，帮助消化。这其实是一种有利于消化吸收的生存行为。而反刍思维则是我们在遇到消极事件后，无法立刻停止对这些事情的回忆，而是对这些负面内容进行重复、循环的思考，又称"反复思考"或"过度思考"。这会给我们学习、工作、生活带来很多负面影响，不利于我们的思想"轻装上阵"，迎接新的未来。

让我们来看看小阳的案例吧！小阳是位普通职员，在一次办公会议上发言因紧张出现口误，后面的发言自然也受到了影响。小阳感觉没能准确表达出自己想要表达的观点。会议结束后，小阳脑海中一直反复回想自己在会议上的表现，哪句话说得不对？哪个地方表达得不好？哪个地方卡壳了？想到这些他就会不断责备自己："我怎么会犯这种错误？连句话都说不好，大家是不是觉得我很无能？大家以后会不会看不起我，嘲笑我？"即便之后，领导和同事都没有提及会议上小阳发言出现纰漏的事情，但小阳还是不由自主地想起自己在会议上出丑的事情，甚至开始担心这次失误会影响自己在领导心中的形象。接下来的几天，小阳无论做什么都无法摆脱这种反刍思维，尤其是睡前。这让他夜不能寐，上班时精神恍惚，一闭眼就浮现出自己在会议上说错话的场景，而且将这件事情的后果不断放大，再放大。这种情况让他产生了排斥开会的念头，总是担心自己在会议上再次出错，于是畏首畏尾，不敢发表自己的观点。这导致小阳错失了很多次升职加薪的机会。当然，不仅是小阳，我相信我们自己，或者身边也有不少的人会出现这种情况。

其实，小阳这是典型的反刍思维：他不断重复回顾过去的错误，一遍又一遍地加深自责和焦虑的情绪，陷入了自我否定的循环中。而这种思维不仅没有帮助他改善问题，反而让他更加焦虑，影响了生活和工作。像小阳这样有反刍思维的人还有很多，可能因为邻居不经意的一句话，或者别人的一个眼神，就会在脑海中翻来覆去地想，寝食难安，跟家里人讲又得不到理解，内心很痛苦。其实，适度的反刍思维能总结过往经验与得失，为以后提供借鉴或参考；然而长期处于反刍思维的状态，会对身体、日常生活和工作、人际关系、心理等造成负面影响。

1. 身体

当我们长时间高度集中注意力思考或者做一件事时，我们会觉得很累，有时甚至会出现头痛、头晕等用脑过度的现象。如果反复思考一些消极、负面的信息，出现反刍思维的话，会消耗我们更多的精力，造成身体持续紧张，难以松弛下来。如果一个人长期处于这种状态中，就会出现头晕、头痛、胸闷、心慌、食欲不振、躯体疼痛、失眠等身体问题，还会增加患心血管疾病的风险。

2. 日常生活和工作

反复的负面思考让人难以集中注意力做别的事。有些人在学习和工作时，或者在吃饭和走路时脑海中会不由自主地反复出现各种负面思考，导致成绩下降、工作出错、社交失败，影响工作、学习和社交。有时候，我们可能会发现自己难以专注，尤其在重要时刻，因为脑海中总在回想过去那些失误或者负面的画面。这种反复回想会让自己陷入纠结于思考过程的困境，进而降低我们解决问题的能力，甚至延误时机，造成重大损失。

3. 人际关系

在我们与他人的社交中，难免出现一些言语、思维的碰撞与摩擦，反刍思维会将这些微不足道的细节不断放大，引起不必要的紧张、焦虑、恐惧、多疑等反应。在接下来的社交中带着这种心态去交往，往往出现不敢说话，担心自己表达有误或者理解有误，使得双方沟通无法同频的情况，久而久之容易出现社交问题，影响人际关系。

4. 心理

反刍思维本身就让人很痛苦，而上面提到的所有方面的变化，最终都会反映在心理体验上，导致不良情绪的产生。如果情绪长期处于消极紧张状态，难以调节，最终会引起焦虑、抑郁等心理问题。有些人对反刍思维难以自控，可能逐渐发展为强迫性思考；若进一步通过重复性仪式行为缓解焦虑，则可能会演变为强迫症。

其实，我们每个人多多少少都体会过反刍思维，毕竟每个人都会遇到不顺心的事情，但并不是所有人都长期存在反刍思维。那为什么同样是反复思考、反刍思维，有些人不会长期处于反刍思维，而有些人虽然不想这样，却控制不住地陷入反刍思维中呢？

这与多种因素有关，比如：性格、经历、环境，以及突发事件等。在这里，性格是关键因素，通常来说性格内向、敏感的人更容易陷入反刍思维中。在个人经历中，家庭教养方式、负面经历等会加重这种性格倾向。比如，父母存在反刍思维，或者父母教育过于严厉，情绪喜怒无常等，都会让孩子缺乏安全感，导致他们自责自卑，容易陷入反刍思维中。生活压力、挫折事件，以及社会环境的变化常常成为触发我们反刍思维的导火索。生活压力、工作挫折、考试失败等日常困扰，或地震、疫情等突发事件，均可能导致人们的心态发生变化，进而引发反刍思维。

然而，反刍思维并不是在任何时候都是坏的。生活中我们难以避免会遇到无力应对的挑战或变化，这时候反复思考那些让人焦虑和担忧的细节，会让我们获得一种心理安慰，让我们感觉自己在认真、努力、积极地应对现状，而不是放弃。有时候，我们会从这种反复思考中获取一些经验和教训。此时这种安慰感会变得更加强烈。所以，偶尔出现反刍思维不用太紧张，也不用太排斥，顺其自然就好。

如果反刍思维出现的次数较多，持续时间较长，我们该怎么办呢？

如果我们发现自己出现了反刍思维，也不要担心。这未必是坏事。这意味着我们能察觉自己的状态，能够察觉就能够采取措施。这时候我们首先告诉自己：不要紧，想就想了！但是，我们要给自己设定一个思考的时间。就像我们做其他事情一样，给自己设定一个期限。在这个期限内，顺其自然，爱想啥就想啥。超过这个期限，我们要立刻停止胡思乱想。在这个思考时间段结束之后，给自己安排一些运动，或者需要集中注意力才可以完成的活动。这样每天或每隔几天就给自己留出思考时间，大脑会逐渐形成一种潜意识：我有时间来复盘思考。这种认知会让突然冒出的反刍思维的次数减少。

反刍思维是常见的心理现象，它会放大负面情绪，影响身心健康。每个人都有可能陷入反刍思维，但同样每个人也都有能力从中解脱。我们需要根据自己的特点，找到属于自己的解决方式，从"陷阱"中走出来。

03

失望型情感隔离：给期待松绑，拥抱不完美

在人生旅程中，我们难免会经历各种挫折、离别、苦难，甚至还会遭受父母的忽视、朋友的背叛、工作的失败、关系的破裂、意外的离别等。这些都会让我们心碎、失望。

有些人会因多次失望而选择情感隔离，他们只觉得自己独立了、看透了，不再需要与父母沟通，不需要别人关心，也不愿意接受新的感情，逐渐变得冷漠、疏离，甚至孤僻。然而，我们是社会群体的一员，需要关心和爱。这是我们每个人本能的需求。选择隔离、拒绝情感需求的背后隐藏着长久以来未被察觉的心理变化。提前察觉并且了解这些心理变化，有助于我们改善个人生活体验，让人生旅程更有意义、充满温情。

那么，失望型情感隔离形成的原因及心理有哪些呢？

原因一：失望的累积与叠加

失望是一种强烈的情感反应。当期望与现实之间的差距过大时，我们会感到失望。失望也会让我们体验到痛苦。如果一个人反复遭遇失望，他的心理防线会逐渐崩溃。每一次失望都是一次小小的打击，日积月累，最终内心形成一堵厚厚的墙，隔绝了情感的流动。想象一下，一个孩子满怀期待地等待着父母兑现承诺，父母却一而再、再而三地让孩子失望。孩子会怎样呢？最初，他可能会愤怒和哭泣，但次数多了之后，他可能选择对父母不抱任何期待。这样，他就不再感到失望了。这种机制在我们成年人身上同样适用，我们可能更容易通过情感隔离来保护自己，让自己不再受伤。

原因二：心理保护机制

情感隔离是一种心理保护机制，它能够帮助我们在经历多次失望后避免进一步受到情感伤害。当我们感到无法承受失望时，我们会选择冷漠和疏离，通过减少情感投入，试图降低失望的可能性和程度。这种方法在短期内可能有效，但长期来看，它会使我们变得冷漠，甚至孤立无援。例如，在亲密关系中遭受多次背叛的人，可能会对未来的伴侣失去信任，选择与他人保持距离。这样做虽然保护了自己，但也阻碍了建立真挚关系的可能性。不安全感很强的人更容易采取情感隔离的方式来应对现实的失望。

原因三：自我价值感降低

频繁的失望体验会削弱我们的自尊心和自我价值感。当经历多次失败或被拒绝后，我们可能会开始怀疑自己的能力和价值。为了避免进一步降低自我价值感，我们可能会选择情感隔离，不再主动寻求建立关系的机会。举个例子，一个在职场上屡屡受挫的人，可能会认为自己不够优秀，从而失去工作的热情和动力。他会选择减少与同事的互动，甚至放弃追求职业发展。这种情感隔离不仅影响了他的职业生涯，也损害了他的心理健康。

原因四：认知失调与归因方式

产生失望的体验，往往是经历、结果与我们的期望相差甚远，内心难以接受，靠我们原有的认知难以解释，无法疏导自己，导致认知失调。为了减轻这种不适感，我们会调整自己的情感投入和期待，逐渐形成情感隔离。失望型情感隔离的人往往会将失望归因于内部因素，如自己不够好，或事情总是如此，别人就是看不上自己，再怎么努力也没用了等。这种归因方式会加重情感隔离的倾向，让我们陷入一种消极的循环中。

情感隔离是一种保护机制，适当的情感隔离能够有效地让我们避免遭受更深的情感伤害，但失望型情感隔离会让我们不敢再接触，甚至排斥相似情景，影响正常的人际关系和情感交流。因此，面对失望型情感隔离，我们可以通过一些方法来疏导。

1. 积极的心理调适

一般情况下，通过反思和自我觉察了解情感隔离的原因和影响，有助于我们进行心理调适，及时采取合适的情感应对方式。说实话，这个方法对普通人来说挺难的，繁忙的日常工作，想休息的强烈欲望，这些都会让我们难以集中注意力反思和自我觉察。我们可以这么做，每次感到失望或者遇到挫折时，给自己安排一些能够完成的任务，或者安排一些喜欢的娱乐活动，这样容易减轻失望感或挫败感。此外，在面对挫折时，我们可以尝试从中找到学习的机会，而不仅仅关注负面的结果。

2. 学会分享，获得积极的社会支持

良好的社会关系有助于我们摆脱情感隔离。当我们在遇到困难时，我们有转移情感的对象，不至于执着于某一件事或某一个人。平时在生活中，与亲戚朋友多互动，加深联系，遇到事情多沟通、多分享。虽然有时候家人和朋友无法完全理解，但是当我们遇到挫折的时候，亲人和朋友往往能在背后支撑或兜底。

3. 提高自信心，建立安全感

习惯使用情感隔离保护机制的人，内心缺乏安全感，总是担心自己的付出会再次遭到背叛。将情感寄托于他人，对自己能够获得良好情绪和情感体验没有信心，只能被动地等待，这样的人很容易采取情感隔离的方式来减轻自身

的痛苦。在生活中可以通过简短的任务，比如，一项轻松的运动，独自享受美食或者美景，与朋友合作完成一件趣事等方式，来提高自信心，实现良好的情感体验，并且给予自己肯定。

当然，有些严重的情感隔离可能需要通过心理咨询或治疗来重建信任和情感投入。总之，失望型情感隔离是一种复杂的心理现象。我们需要综合考虑自身的经历、心理机制，进而采取应对策略，逐步走出情感隔离，恢复积极的情感体验和社会关系。记住，尽管失望难免，但我们始终有能力选择如何面对它，重新点燃心中的希望。

你存在失望型情感隔离吗？

01 遇到困难习惯自己扛。

02 不愿回家，感觉跟父母没什么好聊的，说了他们也听不懂。

03 跟朋友走得太近容易感觉不知所措。

04 不敢表达情感，怕被别人笑话。

05 觉得自己看透了，什么人都靠不住。

 如果你有以上表现，很可能存在
失望型情感隔离的情况，尝试一下
文中的方法，调节一下吧！

04

停止精神内耗：杜绝自我内心较劲上瘾

　　我之前接触过一位叫小夏的年轻姑娘。她因为生活中琐碎事情的困扰前来咨询我。在我的询问之下，她详细地给我讲了她遇到的事情。有一次，小夏的同事发信息找她帮个小忙。她当时忙于事务未看到信息，错过了回复时机，自然也没帮成同事。第二天，小夏见到自己同事的时候，非常不好意思，赶紧向同事道歉。此刻，她的同事恰好正在忙碌，便随口回了一句：没事，我已经找别人帮忙了。小夏回到工位后，开始回想，觉得自己没帮上忙，同事肯定生气了。然后，她开始回忆自己与同事说话的每一个场景，感觉同事脸色不好，语气也不咸不淡的，不想搭理自己，肯定讨厌自己了。如果自己当时及时看到信息，并且帮助同事那该有多好啊！在当天工作的过程中，小夏总是控制不住地分神，出小差，导致工作上出现了不小的失误。下班回到家，她吃饭的时候想这件事儿，睡觉躺在床上又开始想，一直自责自己没能够帮到同事，导致同事没好脸色给自己。今后在同一个单位，低头不见抬头见，若继续如此，还怎么相处？这样的想法反反复复地出现在小夏的脑海中，仿佛已经占据了她日常生活中的一大部分，让她非常痛苦。

小夏讲完自己的故事，反问了我一句："我是不是应该向我的同事道歉？"没有想到小夏虽然坐在我面前，却依然对要不要向同事道歉的事耿耿于怀。

小夏的情况其实就是典型的精神内耗。精神内耗是一个网络流行语，用以形容心理能量消耗过度的状态。因其符合很多人的内心状况，便成为十大网络流行语之一，成为人们广为关注的话题。其实，精神内耗也叫心理内耗。我们在自我控制、自我调节的过程中，都需要消耗心理能量。如果心理能量消耗过度，难以及时恢复，就容易出现疲惫感。这种状态被称为精神消耗。这种疲惫并不仅表现为身体劳累，更会伴随心理疲劳。这类似于我们常说的亚健康状态，处在心理健康与心理疾病的中间地带。

精神内耗的表现多为纠结、拖延、行动力差、无精打采、爱钻牛角尖、爱比较、烦躁易怒或胆小怕事等；而内在心理体验多为紧张、焦虑、自卑、恐惧、后悔、自我纠结、犹豫不定，但是又自我要求过高，苛责自己，内心很难体验到愉悦感，容易被外在境遇影响。具体来说，精神内耗的人可能会因为一点小事儿而纠结一整天，甚至更长的时间，会控制不住地想那些不好的事情；或者总是忍不住脑补未来有可能发生的糟糕的事情（绝大多数都是不可能发生的事情），躺在床上翻来覆去睡不着，即便睡醒也觉得浑身无力，提不起一点精神；跟别人打交道时，会下意识地讨好别人，与别人说话时总有一部分注意力在担心自己是否说错话，纠结自己在别人面前展现得是否完美等。精神内耗的产生和表现与我们的性格、个人经历，以及所处环境等有关。比如，自卑胆小的人会因为过度担忧别人的看法与自我怀疑而产生精神内耗；追求完美的人会因为做事力求完美，执着于理想标准与现实落差而陷入内耗；工作压力大的人会因为繁重的工作挤压休息时间而心理疲惫，导致精神内耗。长期精神内耗的人通常情绪波动大、不稳定，容易引起焦虑、抑郁等心理问题；而且精神内耗不单单影响心情，还会危害身体健康，容易引发心脑血管系统、内分泌系统等相关疾病。像我上面所讲的小夏，她就长期处于精神内耗状态，情绪紧张，在体检的过程中查出了乳腺结节和甲状腺结节，月经也经常不规律。其实道歉不道歉都不重要，她需要做的是及时调整自己的心态。

那我们普通人该如何避免精神内耗呢？我给大家提几点建议：

1. 规律的作息，适度的运动

规律的作息帮助我们的身体建立稳定的生物钟，从而提高精力和注意力。而运动则有助于释放压力，增加身体的愉悦感。平时我们尽量在相对固定时间睡觉、起床。具体可以参照中医养生方法：春秋早睡早起；冬季早睡晚起；夏季可稍晚睡，但要早起，中午可睡个小午觉。同时，我们要养成运动的习惯，比如晨跑或晚间散步。

2. 学会自我娱乐和放松

给自己时间休息和娱乐，可以有效缓解压力，让身心得到放松，从而有更充沛的精力应对生活、工作以及随时可能出现的变化。很多人只想着我有很多工作、我很忙，我要赶紧干完活。但记住，我们的生活不只有工作、学习，还有休息放松和自我娱乐的需求。劳逸结合才是生活的常态。工作学习之余，记得给自己留出合理的娱乐和放松的时间。做自己感兴趣的事最能释放压力，转移注意力。

3. 每完成一件事都给自己奖励

奖励自己一件漂亮的衣服，吃一顿自己喜欢的美食，哪怕默默告诉自己"我是很棒的"。这有助于建立积极的自我认知，增强自信心。试想，做完了事后得到表扬肯定比受到批评要开心吧！而且越是得到认可，做事越充满动力。既然跟别人要表扬不靠谱，不如自己表扬自己，自己奖励自己，哄自己高兴不是更好嘛！

4. 学会尊重自己

学会重视自己的想法和建议，减少我不行、我不重要的想法。认识到自己的价值，减少自我否定的倾向，可以帮助自己建立自尊心。自己才是生活的中心，才是生活中最重要的。尊重自己是我们做事的前提。其实，很多人忽略了尊重自己这件事，在太多事上委屈自己，又在太多不合时宜的时候过于强调自尊心。真正尊重自己之后，你的情绪会更稳定，也会更积极向上。你可以这样训练：每天练习积极的自我对话，比如写下自己欣赏自己的三件事，肯定自己的某些做法、表现，逐步改变负面的自我认知。这条跟第三条可以联合起来，做到了就进行自我奖励。

5. 一定要敢于表达自己的内心想法

当别人请你帮忙时，如果你感觉到委屈或不愿意，就要大胆表达出内心真实的想法——NO。表达自己真实的想法可以防止情绪累积，避免不必要的精神压力或内耗。学习如何进行有效的沟通，尤其要学会如何在不伤害他人的前提下清晰表达自己的想法、需求及感受。这个要从平时的小细节入手，在一些小事上要敢于发声，然后逐渐提升到稍大的事情上，时间久了养成这样的习惯，沟通也就水到渠成了。

6. 不要过多关注别人

你可以随身携带一个能够吸引自己注意力的益智玩具或物品。如果你发现自己因关注别人而让自己不舒服，就赶紧摸摸它、看看它。过多关注他人容易产生比较心理，从而引发焦虑和压力。你可以通过冥想（或者可以理解为积极的自由联想）、深呼吸等方式来转移注意力，进而保持内心平静。

我决定
真心对自己
好一点

　　这些方法可以有效减少精神内耗，保持心理健康和平衡。然而，每个人情况不同，调节能力和效果也有所差异。如果你觉得压力过大，自己难以调节，最好寻求专业的心理咨询机构帮助解决。

第二章

为我们的情绪
重建「心灵防护网」

01

愤怒的刺猬：拥抱爱发脾气的自己

有些人总是容易发脾气。无论遇到什么事，他都好像吃炸药一般，情绪失控，对身边的人莫名其妙的发火。如果你遇到这种人，该怎么办？如果你就是这样的人，又该怎么办呢？

一个很平常的工作日下午，我刚诊断完一位病人，点了叫号器，呼叫下一位病人，就听到耳边有人在怒斥："你们医生就这样的素质，这样的态度啊？"我抬头一看，是一位老爷爷，气哄哄的，一副不好惹的样子。我当时很蒙，我什么都没说呢，咋就惹他生气了呢？我心里咯噔一下，心想这次完蛋了，这个老爷子气性够大，如果我处理不好容易被投诉。我得安抚一下他。我说，老爷子您先坐，身体怎么不舒服呀？他语气很冲地说："你不会自己看啊，我病历在这儿呢！"然后把身子一扭，背过头去不理我了。

翻看了一会儿病历后，我问他，老爷子你刚才在生气吗？他说："我没有生气，就是觉得你不是个合格的医生，连个名字都叫不对，不想跟你说话。"我这才明白，原来是因为我叫错了他的名字导致他生气。我赶紧道歉，语气平和地说："老爷子，对不起啊！我实在没注意，人有点多，没看仔细。那咱要是没生气的话能跟我说说病情吗？"老爷子依然口气很冲地说："我有病历你不会自己看嘛！"我看了病历上的住址和籍贯后问了一些家常事。老爷子慢慢打开了话匣，愿意心平气和地跟我说话了。看完病，临走前，老爷子和我说："大夫，挺不好意思的。我刚才应该是生气了，你不跟我说，我还意识不到。怪不得身边人老说我脾气不好，我以后会多加注意，尽量少生气。现在我要给你打满分，你是个很优秀的大夫！"

这天门诊人比较多。老爷子年龄较大，失眠多年，身体不适，加上等待时间较长，情绪不佳，再加上叫错了名字，引爆了他压抑已久的情绪。后来，在交谈中得知老爷子以前是干部出身，平素受人尊敬，自尊心极强，做事雷厉风行，容不得半点错误，所以叫错名字触犯了他的雷点，随即脾气上来，控制不住地对我发作了。

这种情况在医院实在是太常见了。在当前快节奏的生活中，压力和紧张不可避免，发脾气似乎成了许多人不自觉的情绪释放手段。尤其是在忙碌、受挫、疲惫、拥挤、睡不好、身体不适或者生病时，人就更容易控制不住情绪而发脾气。像在地铁、公交车、银行、景区、收费站等一些需要排队、环境较封闭的场所，发脾气的人比较多；还有就是做一些需要消耗大量精力的事情时，也容易出现控制不住情绪的情况。此外，发脾气还跟我们的性格特征以及习惯有关：有些人性格急躁，遇事冲动易怒；还有些人性格温顺，但是从家人身上学习到的是遇事发脾气，没有学会情绪管理，时间久了形成条件反射，养成了发脾气的习惯。

其实，发脾气并不完全是坏事，每个人都避免不了。适当的发脾气能够引起周围人的关注和重视，重构人际关系，对解决问题有一定帮助。更关键的是发脾气能纾解压抑情绪。但遇到一丁点小事就发脾气，暴跳如雷，反而会对自己的生活和健康产生负面影响。现实生活中，许多矛盾冲突和悲剧的发生，都与控制不住情绪有关。所以，我们要注意自己的言行举止。如果我们存在这种习惯性发脾气的情况，就要及时地进行调整了。

曾经有位中年男性病人，等待就诊时一直在门诊室外面吵吵嚷嚷，发了半天脾气，嫌我看病慢。我想他进来后肯定会对我发脾气，果然一进来他就嚷嚷起来："真不容易，终于轮到我了！"我说："让您久等了，人有些多，您是哪里不舒服？"他突然安静了下来，问我："大夫，你一上午看了这么多病人，大家都唠唠叨叨向你倒苦水，你应该很累很烦了吧？我朝你嚷嚷，你怎么不发脾气呢？"

我为什么不发脾气？这句话似乎勾起了我的回忆。其实，很久以前我也是个特别容易发脾气的人。上高中的时候，同学们私下里叫我大喇叭、小辣椒，因为我动不动就吼别人，无论遇到什么事情都容易发脾气，还与同学起过冲突，动手打过人。如果是以前的我遇到这种情况，那我肯定会暴跳如雷，跟他干一架。可是，现在的我不是以前的我，不会轻易发脾气。为什么不会轻易发脾气了呢？这个在门诊没时间跟病人讨论的问题，在这里可以跟大家念叨念叨。

第一，意识到自己在发脾气

很多人意识不到自己发脾气，仅仅认为自己只是声音大，语速快了点。其实，他们的表情、语气、肢体动作都充分体现了愤怒。我妈妈经常说我是家里脾气最大的人，那个时候我还不承认。我觉得不是自己脾气不好，而是因为别人总招惹我，在相当长的一段时间里我都是这样认为的。直到有一次，由于我不想多带东西返校，但我妈非得让我多带一些衣物，结果我大发雷霆，把我妈妈气哭了。回到学校之后，我冷静下来，想了又想，觉得自己有些过分，妈妈所做的一切都是为了我好，我为什么要乱发什么脾气呢？认识到这一点后，我赶紧给妈妈打电话道歉。这也让我意识到自己一直有乱发脾气的坏习惯，从此我开始关注自己的情绪，有了控制自己的情绪的意识。

我们需要学会识别情绪，识别出自己发脾气瞬间的情绪变化。要做到这些，需要"吾日三省吾身"。遇到让自己感觉烦躁的事情后，抽出几分钟时间思考一下，自己刚才怎么了？感觉到了什么情绪，生气、愤怒、委屈？每天抽出半小时时间去反省自己情绪较为激烈的时刻。这些时刻就是自己在发脾气。将这些让自己生气、烦躁的事情、场景或感受写下来，养成察觉自身情绪变化的习惯，能让我们了解自己情绪的变化及刺激情境。在未来相似的情境下，这种察觉自身情绪变化的习惯能让即将发脾气的我们在关键时刻按下暂停键，避免进一步的伤害发生。

第二，要有调整情绪、控制脾气的主观能动性

大部分人的发脾气行为本质是一种情绪习惯。很多人从来没有认真想过自己为什么会发脾气，怎么去调整它，遇到相似的情境就习惯性地发脾气了。有人说发脾气是性格的问题，改不了，想改也是没用的。习惯能够建立，就能够消除。意识到自己发脾气后，基本都会产生改变的念头，我们自己要在心里不断地告诫自己：调整情绪、控制脾气是为了让自己更快乐，更健康，而且我有能力让自己变得更好。这个念头能够增加我们的动力，增强进一步落实的执行力。我意识到自己的脾气不好后，就时刻提醒自己注意情绪与心理变化，主动接触一些心理学相关的书籍，主动学习一些情绪调节方法。这也影响了我考大学时所选择的专业。

第三，及时释放负面情绪，避免过度的情绪压力

发脾气一般是压力积累到一定程度后，被某些事或者某些人触发引起的情绪爆发。长期疲劳、睡眠不足是发脾气的主因。如果我们平时能够及时释放负面情绪，避免压力过度积累，就可以减少发脾气的频率。

释放负面情绪的方式非常多。运动通常是最常见的释放负面情绪的方式。如果你平时依靠脑力工作，比如久坐办公，建议每隔两小时左右起身活动一下，每天下班后进行适度的运动，如慢跑、快走等。如果你是体力劳动者，那么再进行一定的运动可能会让自己更疲劳。这时候可以选择简单的脑力活动或者视觉刺激等放松方式，比如玩益智游戏、看电视等。此外，阅读、听音乐都可以让情绪放松，减轻压力。

第四，控制发脾气的具体方法技巧

1.学会提前预警。也就是根据自己容易发脾气的事件或情景，提前做几种准备，制定一些应对方案。

2.利用好心理暗示。日常生活中遇到情绪不佳或者要发脾气时，有意识地告诉自己：发脾气没用，浪费自己有限的生命，不如想办法解决或做点其他有意义的事。

3.学会放松技巧。放松技巧有很多种，最常见的就是深呼吸、冥想等。深呼吸学习起来不难，在这里说说冥想。它是一种自我引导的意识放松方式，随时随地都可以使用，可在遇到想要发脾气的情况时快速调整我们的意识状态。

最后，如果发脾气的频率、程度越来越高，自己难以调节，那么很有可能已经存在一定程度的心理问题。这时候寻求他人帮助是我们较好的选择。

小游戏

减压：踩爆"坏情绪"

01 准备一些大小不同的气球、打气筒（不是必需的哦）、彩色水笔。

02 吹好气球，用彩笔在上面写上自己的烦心事。

03 将写好的气球扔出去，扔掉"坏情绪"。

04 踩！踩！踩！"嘣""嘣""嘣"踩爆"坏情绪"。

05 收拾好地面，将垃圾扔入垃圾桶，告诉自己："烦恼、坏情绪统统不见！"

上面的游戏适合不同年龄阶段的人，能在蹦蹦跳跳中带给我们更多的欢乐。你现在准备好了吗？我们一起来一场蹦蹦跳跳的踩气球大战吧！

温馨提示：注意避开休息时间，以免打扰他人哦！

02

完美的茧房：允许生活留点可爱的尘埃

　　说到洁癖，想必大家非常熟悉，生活中经常听到身边有人说：某某有洁癖，每次进门要洗好几遍手；谁谁有洁癖，别人不小心碰一下他的衣服都不行，必须赶紧洗。实际上，洁癖远比这种情况要更严重。"洁癖"这个词，简洁明了地概括了它的症状，学名为强迫清洁症，是强迫症的一种常见表现形式。洁癖主要的症状表现就是对清洁和整洁的过度关注，有时甚至达到强迫性的程度，严重影响个人的日常生活和心理健康。洁癖的核心是对环境控制的极端需求，通常源于对污染、细菌的恐惧，或对完美无缺状态的过度追求。

　　我记得曾经有一位严重的强迫症患者来找我就诊。你知道她的洁癖严重到什么程度吗？她每次从外面回家都要拿钢丝球把全身搓洗很多遍，即便搓到皮肤破损出血也停不下来。就诊时，她的手上还有厚厚的血痂。她极为痛苦，但就是控制不住自己。这样严重的洁癖不仅给自己的生活带来了极大的困扰，甚至还会影响家人和朋友。这位患者仅仅对自己有清洁的要求，对家人却没有。前几天在门诊碰到一位男性患者，除了自己外出回家要反复洗手、洗澡、洗衣服外，还要求家人也进行清洁，甚至每天要求家里无死角清洁四五次。如果不按他的要求做，他就会异常愤怒，焦躁不安，与家人争吵不休。

很多洁癖患者的家人表示不理解，明明家里已经很干净了，甚至都达到灭菌级别了，为什么还要反复清洗呢？为什么会出现这种行为？这个问题比较复杂，我经常和一些有洁癖困扰的人聊天。有的跟父母的习惯和要求有关，有的跟某些刺激有关，更多的是他们也不知道自己为什么会这样。据目前研究显示，洁癖的形成与安全感缺失、过于严厉的家庭教育、焦虑和恐惧、过度追求完美、遗传因素有关。接下来，我逐一进行简单说明。

1. 安全感缺失

在许多案例中，洁癖患者可能在成长过程中经历过缺乏安全感的时期。这导致他们想通过控制环境的清洁度来找回自己缺失的安全感。

2. 过于严厉的家庭教育

有些父母自身有洁癖，言传身教下，孩子受父母影响严重，会不自觉地模仿父母，逐渐形成洁癖；还有些父母对孩子的要求过于严厉，比如对卫生习惯、学习方式、行为方式等控制严格，导致孩子压力过大，产生恐惧的心理，而这种恐惧压抑的情绪无法通过其他方式发泄，于是采取这种简单的、直接的、刻板的过度清洁行为来减轻这种心理压力。

3. 焦虑和恐惧

焦虑和恐惧是洁癖行为的主要诱因。洁癖者大多数对细菌和疾病抱有深深的恐惧感。虽然这种恐惧感在我们常规逻辑上很难成立，但对他们来说却是非常真实、紧迫的存在。还有些患者是因为过度恐惧而失控，害怕规则被打乱，而时时刻刻保持洁癖行为。

4. 过度追求完美

哪吒一家到姜子牙家做客。姜子牙看到哪吒衣服上的襟带歪斜，一定要出手帮着整理好。宴席结束后，哪吒嘴角带着饭渍回家，姜子牙看到后想了一晚上睡不着，非得跑到哪吒家里给他擦掉嘴角饭渍才回家睡觉。这里的姜子牙就是一个过度追求完美的人物形象，自己有着无法妥协的标准，哪怕是微小的污点也必须清理干净，否则会给自己带来巨大的心理压力。

5. 遗传因素

除了以上各种因素之外，还有就是遗传因素。如果外部条件相同，相似性格的人遇到同样的刺激，有些人不会形成洁癖，而有些人则容易形成洁癖，这里面遗传因素起了重要作用。

轻微洁癖并不影响生活。有些有轻微洁癖的人甚至能够胜任一些常人难以胜任的工作，像医生或护士。这些洁癖行为反而是他们的工作需要。这样的情况一般不需要干预或调整。但是明显的洁癖会影响很多方面，包括个人的心理健康、人际关系，以及日常生活等。有洁癖的人常伴有焦虑、恐惧的心理，若长期得不到缓解，可能诱发心理疾病；而且长期的强迫清洁行为不仅耗费大量时间、清洁用品及水资源，还可能引起身体疲劳、视力下降、皮肤损伤、容易感染等问题；此外还会破坏身体平衡，导致身体抵抗力下降，反而更容易出现感冒、腹泻、口腔溃疡等症状。而洁癖严重者，甚至会要求别人顺从自己的洁癖行为，若难以得到满足，会发生强烈的冲突，与家人或朋友产生矛盾，还有可能导致社会关系的破裂等，对工作、生活产生不良影响。这就需要及时调整，甚至抓紧治疗。

我们应该如何调整呢？洁癖的人通常内心存在难以表达的焦虑与恐惧情绪，自身难以放松。调整应先从缓解这些心理压力入手。

想想自己的洁癖是从什么时候开始的呢？是小时候、

独立生活后，还是某次事件后？最早是从哪个行为开始的？后续又扩散到了哪些生活领域？没有洁癖的时候，自己是怎么过的呢？回想这些事情的时候，我们可以待在户外，面对一片树林、草地或者随便一处悠闲、广阔的地方。我们可以走着想，跑着想，坐着想，躺着想，不用一次性想清楚，时不时想一想就行了。

如果还是想不明白，怎么办？看这里。记得小时候，我遇到纠结的事情时，就喜欢蹲在地头。在我妈妈耕种庄稼时，我就蹲在地头，后来想明白了很多事。那是一个自然悠闲、无压迫的环境，让我身心很放松。我觉得书本前面的你也可以找个地头蹲一下，地头边如果是溪流、菜园，或者是长满花花草草的田野更好。你可以拿根小木棍，边戳边想；或者拿块小石头，边扔边想；如果条件允许的话，还可以找个有沙子的地方，边抓边想。这个方法不限次数，没有频率，想做就做，想停就停。

然后，回到家中，进门前，你先告诉自己把手洗几遍，洗完几遍必须结束，然后正常生活。你可以在每次进门前提示自己，或者在门上贴条提醒自己。坚持一段时间，轻松感建立后，洁癖自然减轻。

当然，想要恢复好，必然需要家人、朋友的理解和支持——这至关重要，也需要家人和朋友减少批评和指责。此外，有些严重的洁癖患者，还需要接受专业的治疗。

03

星星孩子的光芒：读懂沉默背后的那些信号

　　前几天有朋友打电话给我，咨询孩子的事情：她孩子今年 3 岁，开始上幼儿园。刚把孩子送去幼儿园的第一天，她就接到老师电话，反映孩子注意力不集中，老是坐不住。在老师与孩子沟通后，孩子无动于衷，好似听不见一般，也不跟其他孩子一起玩，还因为一个玩具打了别的孩子。于是，老师建议家长带孩子看看医生。我的朋友听到老师如此说自己的孩子后很生气，觉得孩子还小，出现这种情况还算正常吧，为什么说孩子有病呢？最初，我的朋友并未将此事放在心上，后来老师打电话的次数多了，反映的情况也越来越多。她心里不禁发毛，想着还是看看医生吧，万一孩子是多动症呢？但是她又不甘心，想着先咨询一下我。

　　朋友将老师多次反馈的有关孩子的问题全部告诉我之后，问我："你看孩子是不是多动症呀？老是坐不住，乱跑。"于是，我从医生的角度出发，详细询问了孩子自出生以后的各种异常表现，感觉孩子应该不是多动症，而有可能是孤独症。于是，我建议她带孩子到医院系统评估一下。几天之后，朋友再次打来电话，说医院最终确诊孩子患有孤独症。我的朋友有些后悔。她安静下来后，回想起自己孩子之前的表现，发现孩子已经有孤独症的迹象。然而，她没能及时发现和重视，现在内心充满了自责和内疚，整晚整晚地失眠，不知道自己接下来该怎么办。

其实，与我朋友情况相似的家长还有很多。在接触到的有限的病例里，很多家长带孩子前来就医，最初只是想看看孩子是不是抑郁或焦虑，但是诊断很明确，没有丝毫侥幸余地——很多孩子得了孤独症。在交流中得知，有些家长平时忙于工作，跟孩子相处时间较少，沟通更少，没能及时察觉孩子的异常。即便隐约感觉到一丝异常，但因拒绝接受自己孩子生病的心理作祟，将孩子的异常行为归因于发育晚，或者年龄还小，长大后就好了，最终因拖延就诊错失了治疗的最佳时机。

孤独症，也被称为孤独症谱系障碍，属于一种神经发育障碍，主要表现为社交、语言和行为等方面的困难。大部分孩子在 3 岁之前开始出现一些症状。不同孩子的表现有所不同。有的孩子可能会表现出轻微的社交困难，具体表现为略显孤僻，不合群，与别人沟通少，不爱说话，但是其他方面看起来还算正常。而有的孩子的表现较为严重，已经影响到日常生活了。比如，孩子只吃一种食物，只玩一种玩具。如果某个需求得不到满足，或者被打扰就会出现大喊大叫、打人、撞墙等情绪激烈的表现。

大学期间，我做志愿者的时候，认识了一个叫飞飞的小孩。他的症状就是如此。有一天，他一直玩的球被别的小朋友抱走了，突然情绪激动，大喊大叫，在康复室里横冲直撞，还把老师的手指咬破了。孤独症要尽早识别和干预，这样孩子获得更好发展、提高生活质量的可能性就越大。然而，在孩子的成长过程中，新手父母绝大多数第一次遇到这种情况，根本没有经验，所以即便孩子早期出现轻微的症状表现，也会被忽略掉，难以及时发现异常。

可见，及早发现才是及早干预的前提。那么，如何尽早识别和发现孤独症的早期症状呢？

1. 语言表达方面欠佳

一岁左右时，孤独症儿童还不会说简单的词语，比如不会叫爸爸妈妈，或语言表达能力远远落后于同龄人。会说的词很少，总是重复同样的词句；缺乏正常的沟通意图，也很少主动用语言和他人互动等。

2. 社交方面的困难

孤独症儿童早年便显现出社交障碍特征，比如很少与人进行对视，不主动交朋友，也不回应别人友好的行为；不喜欢与别人碰触，喜欢独来独往，不跟同龄人一起玩；对周围的人和事没有什么兴趣，甚至叫他的名字也毫无反应。他们没有分享的意愿，很少会跟父母，或者周围人分享自己的喜悦或其他情绪。给人的感觉是周围发生的一切似乎跟他们没有关系。父母更是体验不到孩子对自己的依恋感。孩子跟父母一点也不亲，甚至连父母的抚摸、拥抱等亲密动作都排斥。

3. 重复刻板的行为

有些孩子早期会重复做一些动作，比如不停地转圈、无目的地摆手、重复某个词语，或者喜欢反复玩同一个玩具。如果环境发生改变，孩子会感到不安，表现为情绪激动、喊叫、抓挠、坐立不安、喋喋不休等。比如，搬家、转学、外出等都会引起孩子的不安反应。即便是在自己家，哪怕是换个房间，哪怕是同一个房间的布局及颜色发生变化，哪怕仅仅换了个枕头，也会让他出现不安的情绪。此外，日常生活习惯发生微妙的变化，比如，今天早上没有按照往常时间吃早饭，没有按照往常习惯如厕等，都会使孩子陷入焦躁不安的状态。

4. 感官敏感

有些孩子会对声音、光线、触摸等表现出极度敏感。比如，孩子可能会对某些声音特别害怕，或者特别喜欢注视某些视觉效果（如光影）。

现在，我们已经懂得识别孤独症的方法了。接下来，我们需要了解孤独症的早期干预方法。

孤独症并不容易治愈，起码目前没有已知能彻底治愈的方法。现阶段可通过早发现、早干预，帮助孤独症患者恢复社会功能，进而融入正常生活。

如果家长注意到孩子有上述表现，要尽早送孩子就医。早发现、早干预对孤独症孩子的成长和发展至关重要，而家长需要做的就是尽可能配合专业干预。除此以外，家长要记住的是：家庭是孩子最重要的支持系统。家长不仅是早期识别孩子问题的关键，也是干预过程中最稳定的帮助者。

那么，作为家长我们在陪伴孤独症孩子治疗的过程中，应该怎么做呢？

1. 保持规律的作息

孤独症儿童可能对固定生活作息的改变感到不适，生活习惯也比较懒散，甚至很容易出现行为紊乱。为缓解这种症状，通过稳定日常作息来减轻孤独症孩子的压力，比如设置相对固定的起床时间、休息时间及三餐时间。每日有固定的出行、游玩时间及出行地点，建议尽量不做过多变化。卧室布置也要尽量减少变化。家长应尽量减少更换和碰触孩子喜欢的玩具的频次。这样稳定的日常生活安排，可以帮助孩子增强安全感和舒适感，减少因变化带来的焦虑和烦躁。当然，如果孩子的情况得到了极大改善，家长也可在专业指导下逐渐增加变动的频次，切勿操之过急！

2. 抓住或创造互动时机

生活由一个个琐碎的片段组成。这些片段对许多人来说很简单，压根不需要我们考虑，所以很容易被我们忽视。但是对孤独症儿童来说，这些恰恰是他们最需要学习的内容。在日常生活中，我们可以抓住一切时机（如吃饭、穿衣、做游戏、洗澡时）与孩子互动，随时给予鼓励，教授技巧，并反复强化实用性的语言表达和行为模式。比如，游戏时可以鼓励孩子多坐一会儿，引导彼此交换玩具，或一起做某个动作；在孩子过马路、买东西、乘坐公交车，或者与其他人接触或沟通时，需多进行语言描述、场景介绍并重复流程。比如，购物时，如果孩子状态稳定，可以一次买一件物品，通过多次实践，让孩子每次跟收银员说同样的话，逐步熟悉超市购物流程，从而丰富并巩固孩子的生活常识。从一个个小的方面入手，孩子在衣食住行方面的生存技能，以及沟通能力等将得到极大提升。

3. 保持耐心和理解

孤独症儿童的学习能力和适应环境的能力会比一般孩子差，因此家长需要保持耐心。就像我刚才说的第1、2条，都要建立在耐心的基础上——不厌其烦、不发脾气，通过多重复、多鼓励帮助孩子学习。我们与孩子沟通，或者教授孩子技能时，语言尽量简单，将步骤拆解为易学的小环节，一步一步引导，逐字逐句示范，逐步递进，时时鼓舞。如果有条件，家长可多学习心理方面的知识，理解孩子的特点和需求。这样才能更好地帮助他们减轻挫败感，并增强他们的自信心。

4. 寻求支持

寻求支持非常重要。照顾孤独症儿童是一项艰巨的工作。家长在照顾孤独症孩子的过程中会面临各种压力：身体的疲劳、经济的负担、时间的消耗，以及难以避免的心理耗竭。因此，一个强有力的支持系统非常重要，除了家人朋友外，参加一些孤独症支持小组，或与有相似经历的家长交流，可以帮助我们获得更多信息、经验和情感上的支持。

除了家庭和专业干预，社会的包容和理解对于孤独症孩子的成长也至关重要。我们每个人都是社会的一分子，提高自己对孤独症的认识，也能为这些孩子创造一个更友善、更包容的环境。

每一个孩子都是独特的，孤独症儿童也不例外。我们要做的是理解他们，给他们足够的耐心和支持，帮助他们发现自己的潜力，找到属于自己的美好世界！

自闭筛查量表：克氏行为量表

该测试适用于 2 岁以上的儿童。家长可根据孩子最近一个月的情况记分。记分方式："从不"，记 0 分；"偶尔"记 1 分；"经常"记 2 分。

01 不喜欢与别人混在一起。

02 听而不闻，好像是耳聋患者。

03 教他学习时，他会强烈反对，如拒绝模仿、说话或做动作。

04 不顾危险。

05 不能接受日常习惯的变化。

06 用手势表达需要。

07 莫名其妙地笑。

08 不喜欢被人拥抱。

09 不停地动，坐不住，活动量大。

10 不看对方的脸，避免视线的接触。

11 过度偏爱某些物品。

12 喜欢旋转的东西。

13 反复做些怪异的动作或玩耍。

14 对周围漠不关心。

累计评分 ≥ 14 分且"从不"选项 ≤ 3 项，"经常" ≥ 6 项者，可能存在孤独症倾向，分数越高，可能性越大。

无论评分是高还是低，孩子们最需要的是我们的陪伴。现在放下书本，快去陪陪孩子们吧！

温馨提示：克氏行为量表属于快速筛查量表，有较高的敏感性，但存在不准确性。如果筛查后评分较高，务必及时就医。

04

压力变形记：把焦虑捏成棉花糖的魔法

　　明天不用值班，我计划着好好利用这段时间来创作我的新书，甚至期待上市之后的美好场景。正在窃喜之时，我的手机突然响起，接到了一条紧急且重要的任务通知。这意味着今后一段时间，从早到晚，从晚到早将会有忙不完的工作。这个消息打乱了我之前的一切计划。内心顿时有一些沉重，担心完不成任务的压力和无法推进计划的焦虑，正不断充斥着我的内心。

　　好像生活总是这样，当我们以为一切顺利时，新的挑战便会突然袭击，像是生活递给我们的"神秘礼物"，里面装满了压力和焦虑，当然还有机遇与挑战。这些压力与焦虑来自学业、工作、友情、恋爱、婚姻、家庭及健康，就像生活中的"隐藏关卡"，每个人都无法避开。但这些"隐藏关卡"也是我们人生中可遇不可求的机遇与挑战。只有我们勇敢面对这些"隐藏关卡",才能让自己的人生不断跨越新的台阶。当然,有的人能轻松过关,有些人比较费力,有些人则始终难以跨越"关卡"。那么,轻松过关的那些人有什么技巧吗?我们应该如何应对生活中的压力与焦虑呢?

首先,发现

在应对压力和焦虑时,我们要追根溯源——它们来自哪里?大部分人在生活中是不擅长发现它们的。很多人只会觉得烦躁、紧张、不安,但是不会去想我为什么会这样?到底是因为什么事导致情绪不佳,甚至感到压力或者焦虑呢?有些人心里忍不住嘀咕:不就是工作压力太大了嘛,不就是家庭琐事太复杂嘛,不就是被领导批评了几句嘛!

其实,这些仅是泛泛的、表面的、肤浅的归因,即便明了这些归因依然无法真正帮助我们解决实际问题。要真正解决"病根",就必须明确压力和焦虑的具体来源。

比如,我们常见的"工作＋家事烦琐组合"带来的压力和焦虑,可能是因为平时工作计划实施及管理能力不足,没能及时完成相应时间段内的事情;或习惯性拖延导致短时间内需要完成的任务量过大;又或者是自我要求过高,单位时间内给自己的任务及要求超过自身承受范围,导致压力高度集中。本身任务难以完成就已让人陷入自责、后悔、懊恼中,这时只要家里有一点小事(可能仅仅就是一句话的事儿)就会让自己情绪失控,暴躁易怒,处于负面情绪中。很多人认为家庭琐事才是引发自己情绪失控的原因,所以指责、埋怨家人，甚至牺牲家庭。其实，在这场压力风暴中，工作压力才是暴风的中心。

无论是学业、家庭、工作还是健康，不同的权重分配总会让一方面成为压力重心，而某一个微小的因素很可能仅仅是"压死骆驼的最后一根稻草"。只有找到关键的压力所在，才能明确到底为何如此焦虑，进而"对症下药"，方能"药到病除"。所以，我们内心焦虑的时候，不妨问问自己："让我感到压力巨大的到底是什么？"

其次，接受

我们发现了压力的来源后，接下来的关键是：接受压力的存在，不逃避、不推卸、不敷衍。

生与活原本就是两件事，都是不容易的。从受精卵到胎儿出生的过程千辛万苦，极其不易，但活下去更是不易的事。出生之后，我们被时间推着前行，每时每刻都在向未知靠近，而过去的记忆与当下的困扰交织在一起，压力与焦虑自然难以避免，进而贯穿我们整个的人生旅程。

很多人一旦意识到压力，就会急于摆脱，或者责怪自己为何不能"更坚强"。然而，压力和焦虑本身并不是我们的敌人，而是我们对环境变化的一种正常反应。它们的存在，是提醒我们有问题需要解决，督促我们进步。适当的压力和焦虑是我们前进的动力。

当我们察觉到压力和焦虑的来源后，试着告诉自己：

"我感到压力，是因为我在乎这件事。"

"焦虑的出现，说明我正在面对挑战。"

"工作强度太大，我需要休息。"

"平时习惯不好，我应该调整。"

"这就是生活，本身如此，人人如此。"

接受压力，并不是放任不管，而是先承认它是生活的一部分，让自己平静下来。这样，我们才能以更清醒的心态去思考解决办法。

最后，化解

在发现压力和焦虑，并接受它们后，我们要思考如何化解压力和焦虑。每个人都有不同的性格特征，应对及化解技巧也是多种多样：别人的建议或许合适，或许不合适，没有关系。正如我们常说的那样："三人行，必有我师焉""实践出真知"。如果目前自己尚在探索如何化解压力和焦虑，在这个过程中不妨向他人学习，多做、多练，总会找到适合自己的方法。

如果你是擅长沟通的人，遇到压力和焦虑时，不妨与他人聊聊天。我自己最常用的化解焦虑的方式就是说话。当觉得压力大，感到紧张或疲惫时，我会比平时更爱说话，到处找人聊天。所以，我师姐经常说我："你就是个话痨。嘴像是你的独立器官一样。你明明累得眼睛都睁不开了，嘴还在那里叽叽个不停。"哈哈哈！我觉得她说得挺对，还挺自豪。不过确实，不管多累，与别人聊天后，我感觉好像没那么累了，而且当天睡觉还会睡得很香。所以，如果你想说，不要憋着，就畅所欲言吧。压力和情绪，说出来就是一种释放，哪怕只是些琐碎的话题，也能让你感觉轻松很多。

如果你是个喜欢独处的人，当感到压力和焦虑时，寻一处幽静的地方，是比较适合放松和化解焦虑的。"独坐幽篁里，弹琴复长啸。深林人不知，明月来相照。"喝茶、插花、书法、绘画、雕刻或篆刻等都是调节压力、化解焦虑的极佳方式。有人可能会说这些化解方式太高雅了，自己没时间整这些东西。其实放松的关键在于神似，不必追求形似。比如喝茶，不必备齐紫砂壶、茶盘、茶匙等，需要的是那一缕茶香及意境，用透明玻璃杯、纯白瓷杯泡一杯清茶，配一首清音足矣。再如，篆刻不必备齐玉石、檀木，也不必备齐刻刀，只需一方萝卜、一把小刀、篆刻样图，慢慢雕琢，也能得其乐趣。

如果焦虑是由于目标太大，那不妨尝试分解目标，逐步解决。比如，我们面对复杂的任务或繁重的作业时，可将其拆解成小步骤，把它们看作是游戏中的关卡，每闯过一关都给自己一个小小的奖励。这种方法不仅能降低对整体目标的恐惧感，还能增强自信。每完成一步，可能是打一个钩，喝一口茶，或者自我表扬一句，你会发现曾经巨大的目标已经悄悄向前推进了大半，心里也越来越轻松。

此外，很多压力源于我们担负了太多超出自己能力范围的责任。在接收到大量工作，或遇到生活琐事时，明确事情的优先级很重要：重要且紧急的事先做；重要但不紧急的可以放在后面规划；不重要但紧急的尽量委派他人处理；不重要且不紧急的干脆不做。做事有轻重缓急，去繁从简，心态自然不容易被压垮。

总之，当我们生活中遇到压力，内心产生焦虑的时候，找到适合自己的解压方式极为关键。就像我前面说的，如果你喜欢说话，那就去聊；如果你喜欢安静，那就独处；如果目标太大，就化解目标。压力和焦虑，不一定要用多复杂的方式解决，关键是能让自己放松下来。慢慢地，你会发现，即使风雨再大，即使生活又递来一个"神秘礼物"，你也能泰然自若，迎接挑战。毕竟，游戏最精彩的地方，不就是那些不断突破的瞬间吗？

第三章

具有『人格特质』人群的心理急救策略

01

笑容背后的月光宝盒：阳光型抑郁的温柔拆解

记得几年前，某位著名歌手突然离世的新闻震惊了无数人，紧接着又发生了牵动人心的中学生离奇失踪案，我们在震惊之余也感到疑惑，为什么这些事情的发生看起来毫无征兆？为什么这些看起来阳光开朗、总是充满热情的人会选择以如此决绝的方式离开人世呢？

这些都与一种疾病密不可分。这种疾病就是抑郁症。在我们的认知中，抑郁的人似乎总是与情绪低落、泪流满面、持续的无助感紧密联系在一起。然而，许多人未曾意识到，某些看似积极、活泼、乐观的人，可能正在默默地与抑郁症斗争。这种类型的抑郁被称为"微笑抑郁"或"隐形抑郁"。

无论是被称为"微笑抑郁"还是"隐形抑郁"，它们都隐藏在一张阳光开朗的面具之下，难以被他人察觉，甚至患者本人也容易被蒙骗。因为患者往往表现得阳光、积极，甚至活力四射，他们总是努力保持开朗的状态，周围人很难看出他们内心深处的痛苦。一旦病症发作，患者连自己都不明白为什么这么痛苦、如此绝望。如果此刻一些想法或行为难以控制，甚至会给患者本人带来毁灭性的打击。

"微笑抑郁"形成的原因有很多。比如，社会压力、自我期望过高及对抑郁症的偏见等，都是致病的重要原因。

首先，社会压力

社会文化一直推崇乐观积极的心态，仿佛只有乐观积极的人才能受到大家的欢迎。这使得很多人认为抑郁情绪是消极的、软弱无能的表现，不值得被接受和认可。

我的朋友经常问我："看你天天乐呵呵的，见到你的时候都是笑容灿烂的，你怎么能每天都那么高兴呢？"其实，喜欢笑这一点除了我自己笑点低、容易满足之外，还有一个重要的原因：社会压力。记得我以前不那么爱笑，经常绷着一张脸，高中时学习压力太大没人注意。到了大学，同学们关系都比较好，而且来往也密切，加上所学专业的关系，我一旦不笑，就会有同学问我："花花，你怎么了？今天怎么不高兴啊？"其实，我没有不高兴，我只是没有表情而已，可能由于本身面部严肃，让别人觉得我不高兴。后来，为了避免被别人询问，我见到人就笑，逐渐养成了一种习惯。现在，笑已经成为我的潜意识行为了。

像我一样的人还有很多，习惯用微笑武装自己。尤其是"微笑抑郁"者，更会为了避免被贴上"负能量"的标签，选择用笑容掩饰内心的痛苦，在家人、同事和朋友面前努力扮演一个无忧无虑的人，始终带有活泼开朗、工作顺心、积极向上的标签，以免给别人带来困扰，成为他人的负担。这类人难以敞开胸怀，倾诉、发泄自己的消极情绪，积少成多，一旦发作，犹如火山爆发一般——浓烟四起、火花四溅，让身边的人吃惊不已：他平时多好的一个人啊？怎么会突然变成这个样子呢？

其次，自我期待过高

"微笑抑郁"者常常对自己有着较高的要求，认为自己应该作为强者甚至完美者出现。一般在学习、工作、生活等方面表现得极为认真、努力、上进，也习惯于帮助别人，善于融入集体，甚至成为人际交往的焦点。其内心深处将父母、恋人、亲人、朋友、领导等外界的肯定与认可作为自我价值的来源，害怕自己让他人失望。因此，即便在承受巨大的心理压力时，也只能选择通过假装积极来应对生活中的种种挑战，以维持周围人对自己的期望。他们害怕显露自己的脆弱，担心一旦暴露自己的真实情绪，会被认为是弱者，受到外界的否定，甚至成为众矢之的，被大家抛弃。

最后，对抑郁症的偏见

很多人误以为抑郁症就是每天以泪洗面、情绪崩溃。因此，他们觉得自己的情况并不符合这种严重的症状表现，进而否认自己存在心理问题。这种认知偏差让他们在面对情绪低落和心理负担时不愿寻求别人帮助，认为自己只需要努力坚持，熬过这段时间即可，但实际上却会让抑郁情绪逐渐加重。

以上因素会基于家庭关系、自身性格，以及社会环境的不同，产生不同程度的影响。这些因素交织在一起，既清晰又复杂。即使"微笑抑郁"者明白是上述因素在作祟，也难以逃脱这些因素的影响。为了避免自己沉浸于负面情绪或被别人察觉，他们在人前表现得更加积极开朗，选择通过过度的幽默，甚至过于夸张的表情来制造欢乐来掩盖自己的情绪。在人群中，他们也非常活跃，常常用幽默与笑声来缓解别人的尴尬和不快。这不仅是一种社交策略，也是逃避自己内心痛苦的一种方式。如果有人来关心他们，他们会很巧妙地转移话题，主动关心对方的生活，帮别人出谋划策，但聊天时对自己的问题都是寥寥数语，一笔带过，从不深入交谈。

这样的人极为害怕独处，尤其害怕夜深人静的时刻，因为独处的时间，会让他们不得不面对自己的那些负面情绪，那些黑暗与孤独。为了避免此种情况的出现，他们经常会给自己安排特别多的事情，比如加班、频繁约会或与朋友聚会，还会参加许多兴趣爱好活动，让自己尽量忙碌起来。而且在这些事情上，他们通常有着完美的追求，似乎只有做得越好，自己的价值才能得到体现，进而缓解被否定的焦虑、恐惧和抑郁。然而，由于担心做不好而过度追求完美，这种压力反而会进一步加重焦虑和恐惧，甚至诱发抑郁。

而"微笑抑郁"者身在其中，就像温水煮青蛙，难以及时察觉异常。即使察觉了，自己也不愿承认。即使别人发现了，他们的第一反应也是拒绝。这让他们很难及时得到帮助。最终，他们长期压抑自己的情绪，极容易在承受极大压力时出现情绪崩溃，甚至可能选择用极端的方式来结束痛苦。有研究表明，"隐形抑郁"者的自杀风险更高，因为他们的痛苦被长期忽视或压抑，突然爆发时更容易产生不可挽回的后果。因此，我们需要格外关注这种心理状态。

如果你注意到某个朋友或家人表面看起来一切正常，但在行为上表现出一些异常（如变得比以前更忙碌、更加执着于表现乐观，或避免谈论自己的感受），可以尝试主动关心他们，询问他们最近的状况。真诚地表达关心，并为他们提供一个安全的倾诉空间，可能会让他们放下心中的戒备。交谈时，避免用"你应该振作起来""你看起来一点也不像抑郁"之类的话语，而是给予他们充分的理解和支持，认可他们的感受是真实的。如果他们不愿意面对，也不强迫他们接受，尤其不要一上来就强迫他们接受心理治疗，因为强迫只会增加他们的抗拒心理。单纯的陪伴会让他们更有安全感，会让他们更愿意袒露心声；平时也可以分享治愈案例，逐步激发他们主动求助的念头。

当意识到自己可能存在"微笑抑郁"时，首先要告诉自己：抑郁并不可耻，而是许多人都会经历的心理困境。允许自己脆弱——每个人都有脆弱的时候，喜怒哀乐是我们的正常情绪，接受自己并不总是积极乐观的事实，这样我们才能对自己的情绪有更真实的认识和体验。难过时，我们不要硬撑，允许自己偶尔感到难过，甚至哭泣，比如，通过与亲人或朋友倾诉、写日记等方式表达情绪，而不是一味地去压抑。尤其要知道，与他人分享感受是纾解情绪、获得支持的有效方式。虽然最开始会非常困难，但遇到一个值得信任的朋友或家人，尝试与他们分享自己的内心感受，释放内心的压抑，会让自己感到不那么孤独。

　　阳光开朗的外表背后可能隐藏着巨大的痛苦，这就是"微笑抑郁"的真相。对于那些隐藏在微笑背后的抑郁者来说，真正的帮助来自理解、倾听和不带偏见的关怀。我们每个人都可以成为他人的支持者，学会不被表象所迷惑，看到别人内心的真实情感。在这个日益重视心理健康的时代，让我们共同努力，创造一个更温暖、更包容的社会环境，使得每一个人都可以不必隐藏自己，用真正的微笑迎接生活。

PHQ-9 抑郁症筛查量表

在过去的两周里，你生活中以下症状出现的频率有多少？拿出纸笔，记录下来吧！

记分方式："没有"记 0 分；"有几天"记 1 分；"一半以上时间"记 2 分；"几乎天天"记 3 分。

01 对什么事都没兴趣，觉得没有意思。

02 感到心情低落、抑郁、没有希望。

03 入睡困难，总是醒着，或睡得太多。

04 常感到很疲倦，没劲。

05 食欲不振，或吃得太多。

06 自己对自己不满，觉得自己是个失败者，或让家人丢脸了。

07 无法集中精力，例如读报纸或看电视时。

08 行动或说话缓慢到引起人们的注意，或刚好相反，坐卧不安，烦躁易怒，到处走动。

09 有不如一死了之的念头，或想伤害自己一下。

如果总得分在 4 分以内，恭喜你，没有抑郁症；总得分在 5~9 分，提示可能有轻微的抑郁症；总得分在 10~14 分可能患有中度抑郁症；总得分在 15~19 分可能患有中重度抑郁症；总得分在 20~27 分可能患有重度抑郁症。

温馨提示：测验结果仅供参考。如果测试结果是高分，不要过度恐慌——最终诊断需由专业医生完成。

02

善良不该是易碎品：建立温柔的边界感

俗语道，"越丰满的稻穗，头垂得越低"，寓意越是有内涵和修养的人，越懂得谦卑。

在我们的传统观念中，谦卑是一种美德，也是一种高尚品格。作为中国人，这种特质深深地印在我们的骨子里。因此，每当我们考出好成绩、获奖或受到表扬时，都会下意识地用谦虚的态度表示会继续努力。

谦卑并不是贬低自己，也不是对自己能力的无视，而是对自己有一个清醒且理智的评价。谦卑的人通常能够尊重他人，理解每个人都有独特的优点和缺点，能够正确对待自己的价值和地位，不高估自己，也不贬低别人。这让谦卑的人更容易与他人建立健康的人际关系，减少不必要的冲突，增加互相理解的机会；同时能够听到不同声音和观点，不断丰富学识，进而更好地提升自我。

然而，如果我们对谦卑的理解不到位，运用不得当，会让别人觉得自己柔弱、不自信，容易被误解或被利用。如果一味表现出谦卑，甚至会给人懦弱可欺的感觉，成为他人欺负的对象。其实，谦卑和被欺负之间的界线十分微妙，稍不注意就可能出现偏差。那么，我们如何在谦卑与被欺负之间找到平衡呢？

1. 明确自我边界，守住底线

明确自我边界、守住底线，是保持平衡的基础。自我边界的核心是明确自己与他人的权责。谦卑需要有原则，需要维护好自己的边界。首先要区分清楚自己和他人，明确各自的边界。如果失去对自我边界的守护，便可能被他人利用和欺负。比如，有时候会因为"都是亲戚""都是朋友""都是家人"等碍于脸面和关系，或者为了避免冲突，维护自己过往在大家心目中树立起来的好形象，在心不甘情不愿，或利益受到损害的情况下，依然答应别人的无理要求，表现出退让和顺从，最终被逼妥协。这种行为不仅会丧失原则、失去边界，还会让他人得寸进尺。这样的事情屡见不鲜，很多人被此拖累一生，让自己处于隐形的、被欺负的关系链中。

所以，我们一定要记得：谦卑不意味着放弃自我，也不意味着必须接受一切不合理的要求。不是任何场合都需要谦卑，有些时候我们并不需要听从别人的建议或要求。

因此，设立明确的自我边界非常重要。许多人因"低头不见抬头见"的熟人关系而觉得"难以拒绝"，其实可将边界理解为底线。就好比做买卖，这个货物我是五块钱进的，但考虑到物流费用、仓储费用、人工费用等，最低卖八块钱才能赚回成本，那么，最低售价不能低于八块钱。也就是说，八块钱就是成本底线。同理，我们在与他人交往时，能帮一次忙，能帮两次忙，但是第三次若影响自己的生活或工作，那么帮两次忙就是底线。比如，别人给我们提意见，我们可以接受他人的意见，调整自己的方向，一处也好，两处也罢，但不能无条件接受。如果全部以他人的意见为行动基础，就会失去自己的特点。所以，记住自己的底线：如果感觉别人的建议不合理，或者违背自己的初衷，对方还存在逼迫自己接受的情况时，我们要学会勇敢说"不"。这样并不会削弱你的谦卑，反而会赢得别人对你的尊重。

2. 适度表达需求，避免因过度谦卑形成讨好型人格

除了明确边界、守住底线，我们还要学会表达自己的需求，避免因过度谦卑形成讨好型人格，这样才能减少误解与被利用的情况。

在许多情况下，谦卑的行为很容易被误解成一种讨好行为。比如，在工作中，我们总是习惯性地多干、抢着干，习惯主动承担额外的工作，而且还不争功劳，不主动表达自己的需求，那么在别人眼里我们很容易被贴上"老实人""好欺负"的标签。在这种情况下，我们会"惯坏"他人，让他人有意或无意地"指使"我们，甚至通过言语或行为

施压，让我们去完成不合理的任务。久而久之，自己会不知不觉地变成讨好型的人，处在被欺负的模式中。

我记得我有个同学，她脾气很好，做事的时候别人给她提意见她都能虚心接纳，还会经常帮助他人排忧解难。工作后，我们约她一起玩，怎么都约不到，每逢节假日她总是值班。我说："你这也太巧了吧？咋回回都是你值班呢？"她告诉我："自己工作没有经验，要多学习，多听前辈的指导。"即使有些事情很困难，她也不会麻烦别人，而是自己想尽一切办法独立解决；当别人请她帮忙时，她往往来者不拒。后来发现同事们总爱找她换班，换了班后却不还，逢年过节也不知怎么就都是她值班；每当遇到支援任务时，主任也总派她去，刚开始她还觉得自己被领导重视了，后来慢慢感觉到自己被欺负了，就连她自己也不知何时陷入这种境地。她感觉自己很累，但是有人让她帮忙，或者派她出去干活，她也不知道该怎么办；有时候想拒绝，但是不知道该怎么说出口。

我告诉她："如果以后有同事请你帮忙，帮不了时，你要学会说，自己手头有工作要做，没办法帮忙，你去问问别的同事是否可以帮忙。"即便有同事找你换班，也记得告诉同事：自己平时挺忙的，换班后什么时候能还回来？你不主动提出来，别人会默认你没有这个需求。当主任再给你派工作时，若是你本职工作范围内的，能胜任的，就正常去干；若是本职工作之外的工作，而且每回都派你去干，那你就要提出自己的想法或者拒绝，让主任理解你的难处。如果你不懂得拒绝，还不懂得表达内心的想法，别人不欺负你欺负谁？你要让别人知道你的需求，了解你的难处，明白你不是一个可以随叫随到、没有底线、没有原则的人，这样别人就不敢只把你当作随意使唤的对象了。

所以，在生活和工作中，适度地表达自己的需求是建立健康人际关系的关键。让别人知道你的想法和感受，并适当地坚持自己的立场。这不仅有助于保护自己，还能让别人更好地理解你的边界和底线。

3. 保持自信，适度谦卑，避免因"凡尔赛"引起反感

有一种炫耀叫作贬低炫耀，即通过故意贬低自己来反衬自己比别人优秀，这种方式比直接炫耀更能得到心理满足。很多时候我们表现出的谦卑，实际是"凡尔赛"式的贬低炫耀。

小时候老师和父母时常教导我们要谦卑谨慎，然而我发现有时候谦卑会让别的同学讨厌自己，当时的我并不理解。我在上小学和初中时，成绩经常名列前茅，每当拿到成绩时同学们都围过来祝贺，我总是习惯性地说："哎呀没考好，才考了这么点分。"我的同学就纷纷翻白眼："你都考这么好了，还这么说，那我们不用活了呗！"然后，他们就不理我了，有时还一起嘲笑我。

那个时候我年纪小，没能理解当时自己遭受同学嘲笑的原因。后来，我经历的一件事，让我有些醒悟了。我去祝贺一个得奖的同学，她一个劲儿地说："哎呀，没什么，没什么，这也不是什么大奖，没表现好，丢人啦！"我听

到后心里有这样的感觉：你都是第一名，得奖了，还没表现好，那我的表现是不是更差，更丢人了？我内心挺生气，忍不住悄悄反讽了几句，突然觉得眼前这个同学不顺眼了。在那一刻我才明白自己以前那样说有多么不对，开始理解之前不喜欢我的那些同学了。

我们平时接触的人，大部分会跟我一样存在这样的逆反心理，出于客套的、不合时宜的"谦卑"——在别人眼里看来是"凡尔赛"，反而会让别人觉得你在显摆、骄傲，心里极不舒服。所以如果别人真心祝贺自己，且自己表现确实不错，那就诚心接受这份祝贺吧。

4. 注意对方的行为模式

谦卑的人往往不喜欢冲突，但这并不意味着要忍受不公的对待。因此，我们需要观察他人的行为，如果发现有人总是利用你的谦虚来获得利益，比如反复让你承担不必要的任务或责任，那么这是一个信号，说明对方可能在利用你的谦卑。学会识别这些行为，并在必要时做出坚决的回应，才能避免陷入被欺负的境地。

楠楠就是这样一个女孩。她告诉我，在她刚开始读研时，研究室有位管理老师教了她研究室的一些相关规定，楠楠一一遵守；平时管理老师提出一些建议，她也一一听从并改正了。后来这位老师经常安排她取材料、拿东西等琐碎的事儿，楠楠想着同在一个研究室，能帮忙就帮一下。后来楠楠发现，这位老师只会叫自己帮忙，从来不叫别人

我决定
真心对自己
好一点

帮忙，就像人们常说的"看人下菜碟"。即使她忙得不可
开交时，这位老师也会叫自己帮忙；如果楠楠表示去不了，
管理老师就会耷拉下来脸，显得不高兴，还说："这么点
事也不帮忙，就你自己的事重要。"这让楠楠觉得很为难，
有时候还会自责。

师兄师姐们告诉她，刚来的时候他们都经历过一段类
似的时期。后来他们学会坚持做自己的事，即使管理老师
生气，也没有必要帮那些忙，让管理老师明白他们不会按
照她的行为模式去做事，这才从被欺负的圈中跳出来。楠
楠这才意识到，自己原先的做法陷入了管理老师的行为模
式中。

所以，我们在展示谦卑特质时，要注意观察他人的行
为模式，以免陷入别人的模式中。

总而言之，虽然谦卑是美德，能帮助我们保持谦逊、
理解他人、持续成长，但唯有把握好分寸，才能在复杂的
社会环境中真正实现内心的平衡。一个真正谦卑的人，不
仅会承认自己的不足，更会尊重自己，设立清晰的界限，
避免陷入困境。

03

对讨好模式说再见：找回说"不"的勇气魔法

说到讨好型人格，想必太多人会与我产生共鸣吧！

不过开启这个话题前，我要先和大家聊一下"讨好"这个词。"讨好"不单是贬义词，也有褒义的一面。没有人能逃过"讨好"这一关，但并不是所有人都存在讨好型人格。就像为讨爱人开心，花大代价送他贵重礼物；孩子努力考出好成绩，只想让父母高兴；为了与家人团聚，冒着暴风雨步行二三十公里；为了缓解与朋友之间的分歧，做出一定的妥协和让步。以上这些行为都有一定的"讨好"成分在里面，也正是这些"讨好"行为，让大家变得更亲近、更有爱。这些讨好恰如其分。然而，如果讨好过度了，没有界限了，那就很容易朝着另外一个极端方向走去——讨好型人格。讨好型人格指为了讨好别人，让别人满意，丧失自己做人的基本原则。

那我们现在来分析一下，看你是不是个"老好人"呢？

明明自己忙得焦头烂额，朋友一句"帮我个忙呗"，你就立马放下手头的事情，屁颠屁颠地去帮忙；明明心里有一万个不愿意，但面对别人的请求，你还是微笑着点头说"好吧"；明明自己手头也很拮据，但是只要朋友一开口借钱，你依然拍着胸脯说"行，没有问题"。如果你经常这样，恭喜你，你可能就是个地地道道的"老好人"！

说到这儿，是不是有人急了？别急，别急着否认！也先别急着说"我没有，我不是"。今天我们就来好好聊聊，聊完自然就清楚了。

到底什么是讨好型人格呢？为什么说我是"老好人"？

讨好型人格，顾名思义，就是那种总是想方设法讨好别人，甚至不惜牺牲自己利益的心理状态或行为模式。他们通常非常在意别人对自己的看法，害怕冲突，害怕被拒绝，害怕让别人失望。为了维持这种和谐的关系，他们往往会选择压抑自己的真实感受，甚至放弃自己的需求。说到这儿，我就想到了一些患者：就诊时因为病情需要进行相关检查，他们同意并且做了检查，拿着检查报告来找医生时欲言又止，还小声嘟囔着"没啥用，我觉得没用"这样的话，有些还会生气，甚至投诉我们。我问他们："你不想做检查啊？怎么不早说呢？"回答我的往往是："我不敢说，怕你们不高兴""不好意思说，到医院不是得听你们医生的话吗""我拒绝检查，担心你不好好给我治病了"等。原来做检查不是因为他们对自己的身体负责，觉得有必要做检查，而仅仅是为了"讨好"医生。

生活中还有一些常见的小事。比如本来你想吃火锅，但朋友说想吃烧烤，你立马说："好啊好啊，烧烤我也超喜欢！"（其实你根本不想吃烧烤）本来你想去逛街，结果爱人说想去博物馆参观，你立刻说："好啊好啊，逛博物馆比逛街有意义，我也超喜欢！"（其实你一点也不喜欢博物馆）——这就是典型的讨好型人格表现。

这样看似你是一个"好人"，其实你是在"自虐"，因为讨好型人格不仅不能带来期望的人际关系及成长，反而会给自己的生活带来很多负面影响：具有讨好型人格的人总是活在别人的期待中，过度依赖别人的评价来确认自己的价值。他们害怕让别人失望，害怕被拒绝，害怕冲突，丧失了自我评价的能力。而且这种长期的压抑和焦虑，会让他们心理压力巨大，甚至导致抑郁、焦虑等心理问题；如果长期处于紧张、压抑状态，还会导致身体各项功能发生紊乱，引发头痛、胃痛、高血压、糖尿病等一系列身体疾病。

在人际关系中讨好别人，刚开始可能会获得一定的优势，但是长期讨好别人会使自己在人际关系中处于弱势地位，容易出现单方面付出却得不到相应回报和尊重的情况。久而久之，这会让他人觉得你的付出是理所当然的，甚至忽视你的感受，你不仅得不到尊重和认可，内心还会痛苦无比，甚至滋生怨恨。

那我们到底是如何一步步陷入此种境地的呢?

1. 家庭教育

讨好型人格的形成,往往和原生家庭有着密不可分的关系。

小时候,我们经常听到父母说:"你要听话,别惹事""要懂事,别让爸妈操心""你要让着别人,别那么自私"。当我们想要玩某个玩具时,父母说"你要让给弟弟、妹妹",你只好委屈自己,把玩具让出去;吃东西时,父母又说"别老挑大的,给别人留着",你只好放下筷子。这些话听起来好像没什么大问题,但如果反复强调会带来潜移默化的影响,让孩子遇到事情不自觉地认为:如果不让着别人,会让别人不高兴,进而导致别人不喜欢自己,最终得不到接纳和认可。

还有些父母的言行会让孩子觉得被爱是有条件的,只有表现出令父母满意的行为时,才会得到认可和爱。这种经历让孩子从小就习惯通过取悦他人来获得认可和爱。此外,父母过度控制、情感缺失或情绪不稳也会让孩子为了获得父母的认可和避免惩罚,不断迎合父母的要求,逐渐失去自我和独立性。久而久之,我们就学会了压抑自己的需求,去满足别人的期望。

2. 社会文化

除了家庭影响外，社会文化对我们性格的影响也非常重要。在同样的文化背景下成长起来的我们，对"讨好"现象有着普遍的共识，也在无形中助力讨好型人格的形成。

无论老师还是家长，都成长自同样的文化环境。在这种一脉相承的文化中，我们从小就被教育要"与人为善""以和为贵""忍一时风平浪静"，而最典型的例子是"孔融让梨"。所以在社会普遍观点中，一个懂得谦让、包容的人才会受大家喜欢；一个看起来不懂谦让、争强好胜、遇事计较的人是不被接纳的。在希望受人接纳的内心驱使下，也在从众心理的影响下，即使没有人要求我们去"讨好"他人，也会下意识地做出一些维护关系的"讨好"行为。如果这种意识被过度执行，就很可能形成讨好型人格。

3. 缺乏安全感、低自尊，导致"恶性循环"的形成

除了家庭教育、社会文化等外在影响，缺乏安全感、低自尊也是形成讨好型人格的核心因素。讨好型人格的人往往自尊心较低，觉得自己不够好，不值得被爱。为了获得别人的认可，他们不断地去讨好别人，希望通过这种方式来证明自己的价值。然而，越是讨好，越容易忽视自己的需求，导致自尊心进一步降低，使"恶性循环"持续强化。

其实，适度的"讨好"有助于我们懂得感恩，学会谦让和包容，使我们更容易在未来拥有和谐的人际关系，也

能更好地适应与融入社会。而且"讨好"也是父母等长辈从漫长的人生道路中总结出来的经验。在年轻气盛时，我们可能体会不到其重要性，也难以理解他们，但是随着年龄的增长，我们越来越能体会到其中的深刻道理。试想，如果没有任何"讨好"行为，家庭、单位、学校会是什么样子？很有可能天天是你我针锋相对、剑拔弩张的场面了。

谈到这些原因时，很多人提到家庭和社会的"讨好"教育，这种教育让他们只学会了忍让，并把自己性格的形成归结于此。过度强调"和谐""忍让"，加之缺乏安全感、低自尊的心理内核，使人们形成了不同的性格，最终导致了不同的结局。

那么，我们怎样摆脱过度的讨好行为，避免成为讨好型人格的人呢？可以从下面两点入手。

1. 认清内心不纠结，学会说"不"

讨好型人格的人往往忽视自己的需求，总是把别人放在第一位。从现在开始，试着多关注自己的感受，学会爱自己，多问问自己："我真正想要的是什么？""我这样做是为了自己，还是为了别人？""这是我心甘情愿做的吗？"

值得注意的是，有些人问自己问不出任何结果，因为他们一直处于摇摆中，既想做自己，拥有话语权，又怕做决定，担心因此惹别人不高兴。所以，在门诊遇到犹豫不决的人时，我就会跟他们说："我觉得你需要做一下检查，但是你自己要考虑好，是你自己愿意做，而不是我让你去检查你才去的。如果你不想检查，就不要勉强自己，直接跟我说。"这时就会有人告诉我，其实他们不想做检查。这样既避免了病人内心的纠结，也能减少医患之间的摩擦。

当自己纠结，问不出结果时，不妨把自己的想法写下来，将自己更倾向的选项勾出来，对另外的选项说"不"。你可以从小事开始练习，比如好朋友找你帮忙时，如果你不想做，可以尝试表达自己的想法，勇敢说"不"。如果你觉得直接说"不"太难为情了，可以先试着委婉的表达，比如"我现在有点忙，可能帮不了你""这件事我不太擅长，怕帮不上忙""我马上外出，你要不先让其他人帮一下你"。

2. 尊重自己，关注自己，肯定自己的价值

讨好型人格的人往往自尊心较低，觉得自己不够好。要改变这一点，你需要学会尊重自己，关注自己的需求，认可自己的价值。自己才是生活的主角，安排事情时先围绕自己展开。价值并非只能通过帮助别人才能实现——照顾好自己、过好自己的日子，本身就是自己人生的价值所在。

尊重自己，关注自己的需求。在忙碌的生活中，写下需要做的事，记住：优先安排自己的事，有余力时再把帮助别人的事情列入日程，逐步学会平衡自我需求与帮助他人的关系。

肯定自己的价值。世间无完美的人，对自己多一些肯

定的评价，少一些指责。在心里告诉自己"我值得被好好对待"，可以每天写下自己做得好的事情，哪怕是极小的事情，比如"今天我按时完成了工作""今天我做了自己喜欢吃的菜""今天跟同事一起看了电影""我跑了500米"。

坚持下去，在这个过程中学会尊重自己，逐步养成对他人说"不"的习惯。当这种习惯形成后，过度的讨好便会不攻自破。

讨好型人格并不是天生的，是我们在成长过程中逐渐形成的，可以通过努力调整来改善。所以，从今天开始，试着放下"老好人"的面具，勇敢地表达自己的感受，关注自己的需求，自由地享受属于自己的生活吧！

小测试

你是否具有讨好型人格？

01 不敢说"不"：别人找自己帮忙，明明不想做，但还是硬着头皮答应对方。

02 过度在意别人的评价：别人随便说一句话，自己都会想半天，生怕自己哪里做得不好，让对方生气了。

03 害怕冲突：为了避免争吵，宁愿委屈自己，也不愿意表达自己真实的想法，不敢为自己争取。

04 总是觉得自己不够好：觉得别人都比自己优秀，甚至觉得自己不配获得成功。

05 习惯性道歉：即使不是自己的错，也会主动道歉，生怕别人对自己有意见。

 如果你中了其中 3 条以上，那毫无疑问，你已经成为讨好型人格中的"老好人"了。

04

柔软不等于软弱：不做别人手中的"软柿子"

说到"软柿子"大家想到的就是好欺负，为什么有些人容易被欺负呢？这让我想起了一个来咨询的孩子静静。静静因为经常被同学欺负总是转学，到现在依然觉得"同学们总笑话我，欺负我，合起伙来对付我"。最开始她感觉同学们还比较友好，相处一段时间后感觉自己被欺负，因此不想上学了。家长也向我反映："转学好几次了，原本以为远离了原来那些'坏'同学情况就会变好，但是几次转学后情况没有任何改变。你说是同学们都坏吗？那也不能说所有学校的孩子都坏吧？为什么总是被欺负呢？哎！"

我在门诊时经常听到类似的倾诉："大夫，我觉得工作压力太大了，同事们总欺负我，领导对我也不好，老挑我的毛病。我现在一想到上班就害怕，到单位门口就忍不住想哭。我觉得我很努力了，为什么他们要这样对我？"

不知你有没有发现，生活里有些人好像天生自带"被欺负光环"，也不知怎的，无论是在学校、职场，还是在朋友圈里，他们总是莫名其妙成为别人欺负的对象。这很可能和他们的性格有关，就像开头的两个例子，他们的共同特征有内向、腼腆、不爱表达、好说话。

那么，我们从心理上分析一下，到底什么样的性格容易被欺负呢?

1. 老好人型：总是说"好好好，行行行"

我们在讨好型人格中提到过这类人：老好人。这类人最大的特点就是：不会拒绝！别人提要求，哪怕自己心里一百个不愿意，他们也会答应。他们的口头禅是："没事，我来吧！""好的，没问题。""行，我帮你。"他们不会拒绝人，别人觉得，反正找他们不会被拒绝，有事就找他们帮忙，准没问题。时间久了，别人便形成了找他们帮忙的习惯，自然而然地就会想到这些"老好人"。

老好人还有一种表现就是过度善良，总是把别人的需求放在第一位，哪怕自己吃亏也要帮别人。这类人心中想的是："吃亏是福！""助人为乐。"一些居心叵测的人会利用这种过度善良，甚至产生这样的想法："他这么善良，不占他便宜都对不起自己！"

2. 玻璃心型：太在意别人的看法

玻璃心型的人非常敏感，特别在乎别人的眼光，生怕别人对自己有不好的评价。这种人很容易陷入"自我设限"的怪圈里。别人随便说句话，他们就可能脑补出一部情节复杂的电视剧。他们心里总是想着"我是不是说错话了？""我是不是又做错了？"

这种状态不仅让自己活得紧张兮兮，总是害怕被批评指责，还容易出现主观上的"被欺负"感。而且玻璃心的人太在意别人的评价，情绪波动明显，容易被影响，因此也会让别人觉得好"拿捏"，别人便会有意无意地利用这一点：但凡自己说句话，对方就当真，潜意识里觉得"何乐而不为呢？"

3. 小透明型：总是躲在角落里

小透明型的人存在感很低，不喜欢表达自己，遇到问题也习惯默默忍受。性格内向害羞、缺乏自信的人容易成为这种小透明人。这种沉默无声有时会给人一种"好欺负"的印象。尤其有人稍微冒犯时，他们总想着"算了，忍一忍就过去了"，让对方觉得"居然都不敢吭声，看来是个软柿子，欺负了也没啥后果"。那他不欺负你，欺负谁呢？

有人会说，我们是"软柿子"，别人就可以捏吗？其实，这与我们的本能有关。动物的本能就是"趋利避害，欺软怕硬"，我们人也难以摆脱这一本能。所以，不管是孩子还是成人，遇事时都会捡"软柿子"捏。有时所处环境的纵容，也会加重这种情况。学校霸凌、职场欺凌，以及朋友们的挤兑，都与环境中他人的沉默乃至默许的因素有关。

对个人而言，我们如何才能不做"软柿子"呢？

1. 建立自信，学会独立

自信、独立是摆脱"软柿子"形象的第一步。别总觉得自己是个小透明，其实每个人都是一颗闪闪发光的星！每天跟自己说一遍："我才是自己生活的主角，我很棒！"

从小目标出发，每天积累一点小成就，也能慢慢建立自信。就拿跑步来说，一下子让自己跑完 5000 米不容易，但是如果我们每天跑 500 米，10 天累计下来就实现了 5000 米的目标。在生活中遇到问题时，不妨给自己设立小目标，一步一步解决，每解决一个小问题就给自己一个奖励，以此向潜意识强化认知："我很棒，我有能力解决问题。"

一个人若缺乏自信，做事容易犹豫、依赖他人。现在，我们可以从小事开始，尝试自己做选择，自己做决定：比如决定午餐吃什么，或是买什么颜色的文具或衣服。如果事情比较困难，优先自己想办法解决，逐渐培养独立思考和行动的能力。

我们可以这样做：不管是完成了一次会议发言，拒绝了同事的无理要求，还是准时完成作业、自己解决了一件麻烦事，都写下来。经常翻翻小清单，增强内心的自信，培养独立感。

逐渐建立自信、学会独立后，心里就会有底气：我有能力解决问题，不怕别人欺负我，能够独自应对。

2. 敢于表达，学会说"不"

很多时候，沉默不仅回避不了冲突，还会助长欺凌者的气焰，所以我们要敢于表达自己，对不当行为说"不"。

如果在第一次遭遇不公或感到受欺负时，勇敢说出感受，直接表达出自己的不满，会减少很多被欺负的情况。比如，遇到自己感觉有压力或不适的情形时，直接说出自己的感受："这样做让我很不舒服。""这样让我很生气。"比如，一起聊天时，有人挖苦自己，不管有意无意，不要默默咽下委屈，可以回一句："你这么说，我感觉有点伤心，以后不要这么说了。"比如，在工作中，某位同事总爱抢你的功劳，我们可以在某些公共场合适时展现自己的贡献、工作成果，并明确说："打断一下啊，这个事情是我做的，等会儿我来汇报就好了。"我们可以通过写日记的方式，对当天的事情进行整理分析，找到应对方法，为以后提供借鉴。

敢于表达，还有一个前提：明确自己的底线。我们要想清楚什么是自己可以接受的，什么是不能容忍的。如果觉得别人冒犯自己或越界时，果断说"不"。

比如，当朋友要求你帮忙加班到深夜，而你晚上有安排，不妨直接说："今晚我有安排，帮不了忙，下次再约吧。"又比如，同事让你帮他干杂事时，你可以这样回绝："不行哦，我这会儿还有事呢，看看别人能不能帮你。"

如果很难一步到位，我们可以这样练习：在家里模拟对话，对着镜子练习如何坚定地说"不"。这样在真正面临类似场合时，我们能够保持情绪稳定，从容应对，果断说"不"。

3. 情绪稳定，学会技巧

很多时候，如果我们感觉到被冒犯、被欺负时，很可能一下子"上头"，导致情绪不稳定，难以理性解决问题。我们可以这样做：遇到不公或挑衅时，先暂时不急于反击，深呼吸三次，给自己一点时间冷静下来，再决定如何回应。如果对方情绪不稳定，我们可先尝试冷处理，等待对方情绪平稳后再沟通。这样既能避免情绪化冲突，也能更理性地解决问题。

幽默其实是强有力的武器。当别人欺负你或嘲笑你时，你不妨试试幽默自嘲，比如笑着说："哟，看来你觉得我是个'软柿子'，又来捏我了？小心别被我扎一身伤啊。"这种方式既不升级冲突，又能缓解压力，传达出自己并非软弱可欺的信号。

4. 寻求支持，不必单打独斗

受欺负后默默承担委曲，时间久了，沉默成为习惯，只会收获痛苦和孤独，陷入孤立无援的境地。当我们觉得受委屈或被欺负时，及时向外界倾诉、表达，争取一切可争取的支持，尤其是向亲近的家人、朋友倾诉，释放情绪。

不定期的吐槽：每周或每月和好朋友聚一次，聊一聊工作、学习或家庭中的鸡毛蒜皮，彼此分享应对方式，相互支持，这样内心就不会觉得自己是孤立无援的了。

最后想告诉大家：虽然性格不易改变，但是被欺负的性格并不是天生的，通过努力，完全可以摆脱"软柿子"的形象。记住，改变从一点一滴开始，每一次勇敢表达，每一次坚定拒绝，都会让你变得更强大！

第四章

拆掉『心理障碍』那堵墙

看到灵魂的光

我决定
真心对自己
好一点

01

当爱的光遇到阴影：抑郁症患者的温暖联结

前段时间出门诊时，被一位患者的妈妈气到了，而且是气得发抖的那种。这让我觉得自己很失败，明明这些年感觉自己的情绪管理得很稳定了，没有想到还会这样。这让我不由得怀疑，我这些年的心理修炼是不是真的打了水漂。

下班回到家里，我就开始反省：这个妈妈到底做了什么，这么精准地踩到了我的生气点上呢？平时被患者骂都没这么生气过。

话说回来，其实这是一次很普通的就诊过程，跟往常一样，上一位患者就诊完毕后，我点击叫号器叫下一位患者进来。这时开门进来了一家三口：妈妈、孩子、爸爸。患者是一位 13 岁的女孩，我们姑且称呼她小宁。我说："进来一位家长吧！门诊室太小，太挤了，如果有需要我再喊你们。"

妈妈看了一眼爸爸。爸爸说："那你留下，我出去吧。"当时妈妈虽然没有说什么，但从表情可以看出来她很不愉快。

在小宁坐下后，我开始问诊，但是小宁很不主动，我问一句她答一句。妈妈在旁边看着都有些着急了。后来，我又问到家庭关系、生死观念等问题。小宁干脆不说话了，总是转头看妈妈。我便明白了小宁的意思，说："孩子的妈妈，你出去在外面等会儿吧！"妈妈似乎更生气了，与小宁确认："你是想让我出去吗？好，那我出去，你好好跟医生说，不要藏着掖着！"

妈妈转身离开，小宁还冲着妈妈的背影翻了个白眼。我问她："你妈妈已经出去了，刚才我问的问题可以说了吧！"小宁说："我有划伤自己胳膊的行为，不过不重，也没想过死，就是觉得烦，活着没意思。我爸妈关系不好，我跟他们的关系也不好，我妈看我哪儿都不顺眼，动不动就挑毛病，干什么都要管。医生，你可别被我妈妈骗了，她在外面表现得可好了，回到家老凶了。"

因为患者太多，就诊时间有点久，外面有些烦躁的声音在催促。我最终告诉小宁的爸爸妈妈，先给小宁做评估，评估结束后，再根据结果给出具体治疗方案。

评估结果出来了，情况并不乐观，小宁存在重度焦虑、中重度抑郁。我给出的治疗方案是心理治疗结合中药调理，但是小宁爸妈希望通过中药治疗。

由于治疗方案存在分歧，我决定让小宁出去在外面等待，并留下她的爸爸妈妈与我沟通。我如实告诉了他们小宁目前的严重程度，同时跟他们反映，我所察觉到的是孩子身上深深的敌对情绪。我还特意问："你们俩的关系好不好？跟孩子的关系好不好？"小宁爸爸说："实不相瞒，我俩经常吵，我觉得我跟孩子关系还行，主要是跟她妈闹。"我转向小宁妈妈。她略有些激动地说："就是跟我容易吵架，特别不耐烦，一说话她就像炸了！"

我觉得孩子的情绪跟妈妈的关系可能比较大，于是继续问："您平时情绪怎么样？爱发脾气吗？"小宁妈妈说："我也不想发脾气，可是她总是拖拖拉拉，写个作业磨叽到半夜一两点，干什么都不行。她还有很多不好的行为，我稍微说几句，她就发脾气了。跟我一点都不像，也不知道跟谁学的！"

小宁爸爸声音略小地说："孩子有些行为可能像我吧，也可能像爷爷。我爱人总觉得孩子跟她不像，只要看到孩子做事跟自己不一样就批评孩子，孩子自然就很容易生气了。"

小宁妈妈反驳道："我就这么一个孩子，不是说谁生得像谁吗？但她一点都不像我，吃饭不像我，说话不像我，做个作业都那么磨叽，半夜还要洗澡，怎么那么多臭毛病呢！哪都不像我！"

最终，小宁爸爸和妈妈直接在诊室吵了起来。

此刻，我清楚自己为什么生气了。从小宁妈妈进入诊室的那一刻起，我看到她的表情就顿时产生一种抵触感，但患者是孩子，再说我是医生，治病救人是我的责任和使命。通过与孩子沟通，我被深深触动了：我与眼前的孩子产生了共情，感觉到来自母亲的压力。我希望通过对话感受到母亲对孩子的接纳和肯定，希望她能够无条件爱孩子，但是我没有感受到。于是我愤怒了，感觉心跳在加快，特别想狠狠批评这位不合格的母亲。

于是我问："我听到好几遍您说孩子不像您，您觉得孩子不像您就不是好孩子吗？平时对孩子指责那么多，您表扬过她吗？"

小宁妈妈说："她哪有好孩子的样子？哪点值得表扬呢？什么都不像我，一堆臭毛病！"

不知是不是我的错觉，我感觉小宁妈妈比刚才更烦躁，更生气了，而且有一丝控制不住要和我吵起来的感觉。但我还是想让小宁妈妈察觉到自身的问题及对孩子爱的缺失。于是，我打断了她，直截了当地问："您爱您的孩子吗？"

小宁妈妈迟疑了一下："我就这么一个孩子，必须得爱啊！"

当时就想：必须得爱，那如果不是必须，不是只有一个孩子，是可以不爱吗？妈妈的爱，感觉并非自愿，而是不得不爱。那她的内心究竟积压了多少怨气呢？

"我觉得您没有从内心深处接受自己的孩子。"我实在是忍不住了，说："孩子不是完全复刻父母，她有自己的个性，有自己的生活习惯。生活中不只有母亲一个人，她也不仅仅在家中成长，会接受各种信息、言语和行为信号，还会用自己的方式来面对生活。你对孩子各种行为的挑剔，让她感觉到被拒绝、被排斥，情绪自然不好，做事也很难有效率。尤其是跟您一起生活，叛逆心会越来越重。孩子都希望妈妈爱自己，如果感觉不到，就会很没安全感，出现各种反常行为。"

"我怎么表扬她呢？她刷个牙都要……"

我再一次打断小宁妈妈的话："这样吧，咱们先说到这里。我只是单纯地提醒您，您和孩子之间可能存在的问题，并不是要指责什么。相信作为小宁的妈妈，您肯定希望小宁快点好起来，但是发牢骚、抱怨、斥责并不能达到预期效果，反倒会起反作用。这些表现反映了您内心的一些负面情绪，可能包括对家庭的某些不满，对某些行为的厌恶，对生活的完美要求，以及对失去控制的焦虑不安。这些情绪投射在自己孩子身上，您便希望她是完美的、符合自己想法的。这其实是对孩子本身的不接纳，甚至表现为排斥，让孩子觉得妈妈根本不爱自己，觉得妈妈就喜欢挑自己毛病，不管自己做什么都不好，做什么都不对，从而产生自我厌弃、破罐子破摔的想法。孩子会想，反正自己怎么做都不对，表现再好也不会被表扬，何必认真努力呢？好好说话有什么用呢？其实孩子的内心充满悲伤和愤怒，才会下意识通过拖延、故意惹人生气等行为刺激您。在想让孩子听自己的话之前，您先问问自己：是否无条件接纳孩子、爱孩子？好了，说这些，我只希望你们能认识到，孩子病了，这不是她一个人的问题，需要你们全家一起努力。您再回家想想，爸爸也再好好考虑一下，好吗？治疗的话，我就按照正常治疗需求开药了，先让孩子吃着，等孩子情绪稳定下来再说。如果条件允许，你们可以一起做心理治疗。"

小宁妈妈张了张嘴，没再说什么，点了点头，脸上看起来也没有最初的怒色，打开门出去了。小宁爸爸一个劲地弯腰鞠躬说："不好意思，大夫，耽误您的时间了，谢谢您肯花时间跟我们说这些，谢谢啊，回去我俩肯定好好反思。"

我点点头说："别客气，时间有限，有些话不能尽说，两周后方便的话再来复诊吧。"

在小宁复诊时，我根据孩子最近的症状表现，给出了一些新的治疗方案及建议。一个多月之后，小宁的情况有了明显的好转。回顾了一下治疗过程，除了根据实际情况合理使用药物治疗外，我们还需要做到以下几点。

1. 认同孩子，增强情感沟通

许多家长把自己当年未曾实现的一些愿望、遗憾投射到自己孩子身上，希望在孩子身上得到延续和升华。但孩子是全新的独立个体，不同于父母。即使把同一个人放在不同环境下，他的表现也不会完全一样，想要一模一样的结果注定失败。就像小宁的妈妈希望在小宁身上复刻自己，不仅不可能实现，还让双方乃至整个家庭都痛苦。孩子在成长中最不需要的就是控制，需要更多的是关爱、支持和理解。父母需要做的是增强与孩子的情感沟通，倾听孩子真实的想法和感受，避免一味批评、约束和控制。鼓励和理解是我们每个心理医生都会对家长说的话，但实际上家长很难把握其中的尺度并做到有的放矢。我觉得鼓励和理解的前提是调整好自己的情绪，学会尊重孩子，接纳孩子的天性，抓大放小——吃喝拉撒的小细节不要过度纠结和干预。当孩子表现好或有进步时，家长要及时肯定和鼓励；有错误时，应该及时指正，但不要过分指责；受伤了，受挫了，及时表达关心。家长应多从孩子的角度给予解答和帮助，让孩子感觉到被关爱、被理解、被支持。父母通过表达爱、关心和支持，可以增强孩子的安全感，减轻孩子的心理压力，从而有助于缓解抑郁和焦虑情绪。

2. 心理咨询或治疗

孩子的心理和生理发育并不成熟，他们对父母、老师、同学及社会的认识不全面、不客观，有时行为冲动欠缺理性，还常因家庭关系、人际关系、学习等产生情绪压力。由于情感强烈但不会精准表达和调节，这些情绪在内心积累发酵后可能引发心理问题。此时需要为孩子提供心理咨询或治疗，比如认知行为疗法可以帮助孩子识别和调整消极的思维模式和行为习惯。心理咨询师可通过引导孩子正确认识自己的情绪和问题，帮助其学习积极的应对策略，有效减轻其抑郁和焦虑症状。同时，认知行为疗法还能帮助孩子建立健康的自我认知，减少叛逆行为。

3. 家庭治疗

家庭环境对孩子的心理健康有重要影响。小宁的家庭关系较为疏离，父母相互不认同，争执较多，而且母亲的控制欲强烈，给孩子带来严重的伤害。如果家庭氛围不改善，孩子很难康复。在这样的情况下，除了小宁接受治疗外，家庭成员也需要接受治疗，改善内部的沟通方式，增强家庭成员之间的相互理解和支持。通过家庭治疗，家长可学会科学的教育方式，减少对孩子的过度批评、指责和控制，增强家庭成员间的认同感，营造和谐的家庭氛围，助力孩子心理恢复。

4. 生活方式调整和兴趣培养

现在很多孩子的生活方式存在很大问题：过度使用电脑和手机、经常熬夜、运动很少等，这些问题确实很让家长头痛。然而，孩子的作息其实跟父母密切相关。我记得曾与孩子聊按时睡觉、少玩手机、多运动，他却说："可是你和我爸也不早睡啊！你们没事也天天玩手机，总窝在家里不出去，为啥非得让我出去锻炼？"由此可见，要想让孩子有良好的生活习惯，父母首先要做出改变，然后鼓励孩子保持规律的作息时间，保证充足的睡眠和健康的饮食，以及适量的户外运动。这些有助于改善孩子的情绪状态。此外，培养孩子的兴趣爱好，不要以竞争为目的，应以休闲娱乐、陶冶情操为主。绘画、阅读、音乐、舞蹈等活动既能让孩子的大脑得到放松，又有助于提升他们的自信心和幸福感。通过科学调整生活方式和培养兴趣，孩子可以逐渐摆脱抑郁和焦虑的困扰，减少叛逆行为。

孩子不必像父母，只要身心健康，总会闯出自己的一片天空！

后来，我跟爱人说："为什么会有人觉得孩子必须像自己呢？"爱人回答："大概是人类的本能吧。"这句话好像很有道理。当孩子出生后，父母都本能地希望孩子像自己。在孩子出生那一刻，孩子的父亲或母亲大都会说："你看孩子像我吧！"

02

与完美主义者告别：允许生活留点俏皮的褶皱

　　说到强迫症，很多人会想到自己的一些表现：出门后总觉得门没锁，非要回去检查好几遍；明明手已经洗干净了，却总觉得手没有洗，得反复洗好几次；数字明明已经核对过三四遍了，还是忍不住再次检查。出现以上情况，你是不是觉得自己得了强迫症呢？

　　先别急着下结论，我再说一个例子。这是一位很久之前来我这里就诊的患者，每次叫他进诊室，需要提前半个小时通知他。你可能会想，一般候诊不就在门口吗，到诊室需要这么久吗？是的，患者候诊确实在门口，离得也不远，但是他确确实实需要半小时才能到门口。他走三步会退两步，每一步都有标准，不能太小或太大，需沿直线走，遇到转弯一定要转 90 度。所以，即使他距离诊室很近，也依然需要走很久，走到诊室门口需要有人开门才能进入，进诊室后不能碰任何东西，只能站着看诊。

这是一例典型的强迫症患者，其表现远比平时要严重得多。我们大多数人对强迫症的了解存在误区，不是过度紧张，就是意识不到位。强迫症到底有哪些典型表现？我们如何正确识别并及时给予干预或治疗呢？

一. 什么是强迫症？

强迫症是一种常见的精神疾病。它的基本特点就是反复出现一些不受控制的念头（强迫观念）和行为（强迫行为），这些念头和行为会耗费患者大量的精力和时间。我们要注意的一点是：这种观念或行为即便在患者看来也是不必要、不正常、无意义的，他不想这么做，但是没有办法控制或解脱，因此很痛苦、焦虑，甚至难以维持正常生活。

二. 强迫症的症状表现

强迫症的表现多种多样，但核心就是"停不下来"。其表现涉及多个方面，包括感觉、知觉、注意力、记忆、思维、情感、动作和行为，甚至人际关系等，主要归纳为强迫观念和强迫行为。

1. 强迫观念（或思维）

强迫观念指反复出现在脑海里的某些不必要或不合理的想法。患者知道这些是没有现实意义的，试图忽略、压制，或用其他思想、行为来对抗它，但无法摆脱，因而苦恼和焦虑。具体又分为如下几个方面。

强迫怀疑指患者对自己言行的正确性反复产生怀疑，以至于需反复核实。患者明知道毫无必要，但无法克制。比如，出门后，总怀疑自己没有关好门窗，反复回头确认，即使已经确认，一转身还是觉得没关好；亦会怀疑自己刚刚是否说错话，并且反复思考这句话会对他人造成哪些伤害等。

强迫性穷思竭虑表现为患者反复思考一些无意义的事，难以控制。比如，地球为什么是圆的，而不是方的；为什么1加1等于2而非3；我们为什么要吃饭；等等。

强迫联想指患者听到一句话或看到某个场景，脑中会自动想到一些不好的事物。比如，看到桥就想到桥塌了，看到汽车就会想到车祸，看到钱就会想到上面全是细菌等。

强迫对立观念指患者听到一句话或想到一个词，总是会下意识地想到与其意义相反的内容。比如，想起"和平"，马上联想到"战争"；看到"漂亮"，立即会想到"丑陋"等。

强迫回忆表现为患者脑海中控制不住地反复回想过去发生的事情，无法摆脱。有些患者在回忆时，如果被打断了，还要从头再回忆一次。

强迫意向指患者突然出现的一种强烈的极端想法，要去做某种违背自己意愿的事情，但实际上不会转变为行为。比如，站在高处，就有想要跳下去的冲动，可以控制自己不去跳，但是难以克制这种想法；看见尖锐的物品，就想扎自己，还会想象物品扎在自己身上的画面，可以控制不去真的扎自己，但这种想法难以控制等。

2. 强迫行为

强迫行为指在强迫观念之后出现的重复的行为或者心理活动，常受强迫观念驱使。强迫行为多为非自愿的，但又很难克制。常见的症状表现如下。

强迫检查指患者为减轻强迫怀疑而采取的行动。比如，因怀疑自己是否忘记关门窗、电源等而反复检查，甚至有些人可能检查了数十遍也依然无法安心。

强迫清洗指患者为了消除对脏污、细菌或其他有害病菌污染的担心，出现反复洗手、洗澡，或过度清洁、消毒房屋，甚至灭菌等行为，而且往往需要遵循一定的程序进行。

强迫询问指患者常常怀疑所见所闻，为消除这种怀疑所带来的焦虑，进而反复询问他人以获取解释或保证。比如，反复询问用药次数，即使药方已明确标注，也仍会反复询问；反复询问他人是否说错话或做错事，即使得到肯定回复，仍控制不住反复询问等。

强迫计数指患者沉浸在无意义的计数动作中，如反复数电线杆、过马路的人，或对偶然看到的电话号码、汽车牌号等进行机械记忆，或会反复数楼梯、轨道等。即便患者知道这样做毫无意义，也难以控制。

强迫性仪式动作指患者为减轻或防止因强迫观念引起的焦虑而做出的动作。比如，走路一定要先迈左脚；每天晚上必须 10 点上床睡觉；早上 6 点必须起床升旗——不管是否刮风下雨，不管是否真的有旗帜，必须完成整个仪式流程等。

3. 日常生活常见类型

强迫症患者症状表现差异巨大，严重程度因人而异，根据常见表现可以分为以下几类。

清洁型。反复洗手、洗澡，或者过度清洁家居环境。

检查型。反复检查门锁、电器开关，甚至检查自己是否犯错。

对称型。一定要把物品摆放得整整齐齐，或者按照特定顺序排列。

计数型。反复数数，比如数楼梯、数电线杆，甚至数自己的呼吸、心跳。

强迫性思维。脑子里不断冒出一些让人焦虑的想法，比如"我会不会伤害别人""我会不会得病"。

强迫症的成因非常复杂，包括遗传、生理改变、人格特质、环境、心理等多方面因素。容易得强迫症的人有：父母、兄弟、姐妹等直系亲属患有强迫症者；经历过创伤性事件者；性格固执、刻板，追求完美等倾向于强迫性人格者；长期身心压力较大者。

三．强迫症的治疗方法

强迫症容易反复发作，属于慢性疾病，需要长期坚持治疗。我们可根据严重程度不同，选择不同的治疗方案。强迫症的治疗方式包括药物治疗、心理治疗、物理治疗等。如果强迫症患者的症状较为严重，需要及时就医，接受专业的治疗。

那么，除了接受专业的治疗外，我们能做哪些事来预防或者改善强迫症呢？

1．学会压力管理，及时放松

压力是诱发强迫症的重要因素。目前临床上接触的强迫症患者大部分为脑力劳动者，且多为青壮年，平时工作压力大，追求完美，对工作要求细致，甚至是工作狂，没有时间休息放松，生活作息紊乱，情绪压抑难以疏泄，容易将这种压力和焦虑转移到生活中。做好压力管理，及时放松可以减少患有强迫症的可能。如果工作繁忙，可以尝试如下方法。

　　建立规律的作息。我们应该保持作息、饮食相对规律固定，合理安排时间，在繁忙的工作中留出休息或娱乐的时间，避免过度忙碌。相对稳定的生活节奏能够减少不确定感带来的焦虑。

　　选择合适的运动方式。适当的运动能够有效缓解压力，改善身体状况。

　　放松方式。我们可以选择呼吸放松法、正念、冥想、吐纳打坐等方式。以深呼吸放松为例，我们可以这样做：保持舒适的姿势（打坐或坐在椅子上），将注意力放在一呼一吸上，保持稳定缓慢的腹式呼吸。

　　感官锚定练习。我们可以随身携带有特定气味的物品，比如风油精、精油；也可以选择某种触感的物品，比如光滑的石头、冰凉的玉石，或者柔软的玩偶。我们感到焦虑，出现类似强迫思维或行为时，应立刻将注意力聚焦于这类感官体验上，缓解情绪压力。

　　通过压力管理与及时放松来调节情绪，可起到预防强迫症的作用。

2. 认知与行为调整

　　学会使用认知行为疗法调整自己。理解症状的本质，学会区分"想法"与"现实"：认识到强迫思维只是大脑的"虚假警报"，不代表事实或必须采取行动。

练习延迟反应。当冲动想法出现时，尝试将行为延迟5分钟、10分钟，打破"立即执行"的循环。

暴露与反应预防自助练习。阶梯式暴露：从低焦虑情境开始，如触碰门把手但不检查是否锁门，逐步适应不适感，减少逃避行为；记录焦虑曲线：观察并记录强迫行为前后的焦虑变化，发现焦虑会自然消退，无须强迫行为也能缓解。

认知重构。认知重构指寻求心理治疗师的帮助，或者自我尝试改变负性思维，从而建立积极的认知模式的过程。最初比较难，我们可以记下自己的想法，并尝试用积极的思维方式代替负性思维，具体步骤如下：首先，识别负性思维，比如"如果我不洗手，我会得病"；其次，挑战负性思维，比如自问"我真的会得病吗？有没有证据支持这种想法？"；最后，建立积极思维，比如"即使不洗手，只要手未接触污染源，我也不会得病。"

3. 设定阶段性目标与获得社会支持

自我调整是个艰难的过程，需要设定阶段性目标，以免目标太大、压力过大，难以坚持。我们可以每天或每周定一个小目标，只要自己有进步或变化，就记录下来。这样的小目标容易达成又能让我们看到进展，从而提升自信，增加动力。

社会支持能够让自己有持续的动力走下去。你可以向信任的家人或朋友说明自己的情况，请他们在关键时刻提醒你停下来，或督促你坚持下去。

我们常常能在有同样遭遇的人群中获得放松感，敢于倾诉。因此，寻找同伴也很重要，可以加入相关互助小组或群体，交流经验，相互扶持。

需要提醒的是，在自我调节时，我们还需警惕：

一是避免过度自我分析。反复思考"我为什么会这样呢？"可能会强化症状。二是不依赖短期安慰，如用酒精麻痹焦虑、通过要求他人反复确认安全等行为。若自我调节后症状仍严重影响生活，需果断寻求专业帮助。

强迫症状的本质是"通过行为缓解焦虑"的恶性循环。治疗的核心在于逐步接受不适感，而非消除不适感。在调整过程中，我们不应追求完美，应允许部分症状存在。治疗过程中，症状可能随时反复，但每一丝改变都是进步，都是在重塑大脑的神经通路。记住，耐心与坚持比短期效果更重要！

小测试

很多人对强迫症有误解，你是否也是如此？

误区一：追求完美，爱干净＝强迫症

错！强迫症和普通的爱干净、追求完美是两回事。它们的核心区别是：是否有受焦虑驱使的强迫行为。

误区二：强迫症就是想太多，忍一忍就好了

错！强迫症不是简单的"想太多"，也不是意志力问题，是大脑一心理一生理系统问题，需要科学治疗，不是"忍一忍"就可以的。

误区三：强迫症只是小问题，不会影响生活

错！严重的强迫症患者可能无法正常工作、上学等，甚至日常生活都会受到影响。

误区四：强迫症没法治，得一辈子忍受

错！强迫症并非无法治愈，患者坚持科学治疗，完全可以过上正常人的生活！关键在于尽早干预——越早治疗，恢复越快；拖得越久，症状可能越顽固。

误区五：有强迫症的人都是"疯子"

错！强迫症是一种常见的焦虑障碍，需要科学治疗！很多名人，比如爱因斯坦、达尔文、乔布斯等，都有一定程度的强迫症，但这并不妨碍他们取得伟大成就。

03

分离是成长的翅膀：学会一个人独自前行

对于分离焦虑，我之前没有深切的体会。就连上大学时，母亲送我上车、目送我离开时因担心而落泪，我甚至觉得她太脆弱——作为孩子的我都没哭，她反倒先哭上了……直到我的孩子要跟随爷爷奶奶外出游玩两天，在出发前的那一刻，我突然感觉到了一阵阵强烈的担心。上班无法踏实工作，下了班第一时间就往家赶，只想在他们上车之前再看一眼。尽管只是短暂的旅行，但在我心中犹如生离死别一般。我虽然紧赶慢赶，但还是错过了，没能在出发前看到孩子。我有些失魂落魄，回到家之后，心里乱糟糟的，忐忑不安，也没有心思吃饭了。这时我才明白，我也有分离焦虑了。就在此刻，我突然理解了母亲当年在车站的哭泣。其实并不是我不够坚强，而是因为我担心，才出现了难以自控的情绪变化。分离焦虑不只是孩子才有，大人也会被它困扰。

　　很多人像我一样，容易关注孩子们的分离焦虑，而忽视成年人的这种感觉。其实，这只是因为成年人的情绪调控能力强，不会像孩子一样表现激烈。当我们特别依赖某个人，或者害怕独处时，分离焦虑就会出现，让我们心里总觉得不踏实，甚至影响生活、工作和学习。很多人平时可能没怎么注意这一点，直到自己真的经历了，才会发现原来离别带来的不安情绪可以如此强烈。如果你曾因为与某个人短暂分离而感到强烈的不安、担忧，甚至恐惧，那可能就是分离焦虑在作祟了。

　　不过，说到这里，我们也不用觉得自己太过敏感，适度的分离焦虑其实也有好处——它让我们知道自己有多在乎对方，还能让彼此的感情更加深厚。不过，过度的分离焦虑不仅起不到积极且正向的作用，还有可能让关系变得更糟糕。

　　记得小时候，我姐姐就有强烈的分离焦虑。只要我妈外出，姐姐就会变得焦躁不安，一定要跟着妈妈去。如果我妈不让姐姐去，姐姐就会号啕大哭，抱着我妈的大腿不让我妈走，怎么劝都不听。这常常气得我妈直想揍她，她也因此挨过不少打。

　　此类情况，除了出现在亲子关系中，还会出现在相爱的情侣身上，只是不一定是痛哭流涕这样激烈的表现。具体表现为特别黏人，当一方不回信息时就紧张害怕，离开时间稍久就会不停地打电话，反复询问归家的时间。诸如此类行为，不仅不能增加感情，反而会让对方身心俱疲，想要逃离这段关系。

这样过度的分离焦虑不仅让自己的情绪异常，生活、工作受波折，还会影响到家人、朋友，需要及时调整。

就分离焦虑的体验而言，我以自己的亲身经历，继续给大家分享一下。

孩子和爷爷奶奶外出旅游后，我回到家没有心情做家务，躺在沙发上，一直在想，孩子在外面吃不好怎么办？万一感冒了怎么办？崴脚了怎么办？哎呀，不就是出去玩两天吗？之前不也经常跟爷爷奶奶出去玩，时间长点就受不了了？真服了自己了！嘿，当初还笑话别的宝妈呢，原来我也会有这么一天。我躺在沙发上，不由得拿出儿子照片看，又想到了曾经与儿子在一起的点点滴滴，心里顿时酸酸的。最后，我强行合起相册，打开电视，看了一些我感兴趣的新闻，心情逐渐好了起来。此刻，想着好久没喝茶了，于是拿出茶具给自己泡茶喝。就这样喝会儿茶，看会儿电视，终于看到了自己最喜欢的电视节目，想想这些天没有人和自己抢遥控器，更不用洗衣服、收拾玩具、催作业，难得的清净让我逐渐释然。这样越想越开心，分离焦虑也消失了。当孩子回来后，我们都感受到了彼此的重要性，更加懂得珍惜了。

当然，有些朋友没有这样的经历，对突然的分离焦虑有些不知所措，那么我就根据我的经历，归纳总结一下应对分离焦虑的策略。

1. 接纳自己的情绪，不用和焦虑硬拼

有些人拒绝接受自己的分离焦虑，还有人说："多大点事啊？都是成年人了，这点事还扛不住？"成年人怎么了？成年人的感情更充沛，体验到的生离死别更多，体验分离焦虑更深刻，对于亲情、友情、感情更珍惜，在面对分离时有更多的感慨和不舍。出现分离焦虑并不意味着我们脆弱敏感，而是我们内心对安全感、对亲密关系的一种正常反应。所以当我们经历分离焦虑的时候，不妨告诉自己："我这么焦虑，是因为我真的很在乎这个人""我控制不住流泪，是因为我真的舍不得"。不必自责、不必控制、不必排斥——感情来了就像潮汐一样，虽然无法控制，也无法立即停下来，但有涨就有落。我们不妨听一首歌、沏一壶茶、看一本书，或是单纯地坐着、躺着，静待情绪自然退去。

2. 循序渐进，慢慢适应

分离焦虑是一种情绪体验，需要逐渐适应，不要想着一蹴而就。如果觉得分离对自己来说有些困难，那么在真正分离之前，我们可以制定计划：比如第一天分离一小时，第二天分离两小时，循序渐进地延长分离时间。在分离的时间内，去做自己本应做的工作，按部就班地执行。如果以往生活就是围绕分离对象进行的，那么在制定分离计划的时候就要把分离时间需要做的事情安排好，安排满。我们忙起来时，会发现时间过得飞快，那种焦虑感也就跟着淡化了。

3. 多关注自己的成长和兴趣

分离焦虑的背后往往隐藏着我们对某段关系的过分依赖。如果分离焦虑明显影响到自己的心态，那么试着把注意力转回到自己身上。比如，想办法把自己从分离焦虑的事情上转移到其他事情上，接着让思维顺着我们要做的事情往下想："我今天有什么事没完成？""之前想做什么来着？""前天发现了一个……挺好的"。慢慢你就会发现，生活中还有好多值得期待和关注的事等着我们去做，而不只是过度依赖那段关系。

4. 提前做个"安全计划"，打消不确定感

当然，有些特定情况或者特殊时期的分离总会引发强烈的焦虑与恐惧不安，不妨与对方提前做好约定：比如根据工作安排，每天晚上在固定的时间内通个话，或者每天发条消息或发张图片等报平安。有了这种安排，不确定感就会减少很多，既能够缓解焦虑，又能让彼此安心。

其实，我们静下心来好好想一想，分离不是绝对的失落和焦虑，而是一种成长，它更像是一面镜子，映照出我们对亲情、友情和爱情的珍视。每一次分离，哪怕只是短暂的离别，都是在提醒我们：我们多么在乎身边的人。同时，分离也让我们学会独立，让我们有机会重新发现自我。经历分离焦虑的过程，正是锤炼我们对情绪调控的能力的契机，让我们更懂得如何在依赖和独立之间找到平衡。

　　或许在分离的那一刻，我们会感到不安、担忧，甚至无所适从，但正是这些情绪的存在，让我们变得更加敏感，也更加懂得真诚地对待感情。试着接纳自己那些无法立刻平复的情绪波动，给自己一点时间，也给那些重要的人一点信任。逐步适应分离，关注自身成长，你会发现：独处可以很美好，等待中也能享受生活的乐趣。

　　分离，是一种必经的历程。正因为每一次分离都是成长和蜕变的机会，我们才会在未来的相聚中，更懂得体会并珍惜那份温暖与依靠。让我们将每一次分别都看作通向成熟的台阶，在分离中寻找平静，在平静中遇见更好的自己。

04

焦虑消除术：你担心的事情 99.9% 不会发生

实际上，我们平常所说的焦虑多指焦虑症状，并不是精神医学意义上的焦虑症。精神医学所指的焦虑症，又称焦虑障碍，是一组以焦虑症状群为主要临床表现的精神障碍的总称。

焦虑障碍的特点是过度恐惧和焦虑，以及相关行为紊乱。其中，恐惧是指面临具体不利的或危险的处境时出现的焦虑反应；焦虑是指缺乏相应的客观因素下出现内心极度不安的期待状态，伴有紧张不安和自主神经功能失调症状。

值得注意的是，焦虑其实有两个核心症状，一是恐惧，二是焦虑，而且二者均需满足"过度"标准。举个例子，如果明天有一场心仪已久的工作面试，你感觉有些紧张、反复复习面试资料甚至废寝忘食，这种焦虑属于正常的——

你的焦虑程度与即将发生的事情的重要程度是一致的。但如果你一想到明天要面试就感到坐立不安，呼吸越来越快，心率也在增加，甚至感觉心脏刺痛，自己马上要晕过去，血压飙升到 200，马上需要拨打 120 急救电话，那这种焦虑就是过度的、异常的。实际上，后面这种情况是焦虑障碍的另一种分类——惊恐发作。

按照 DSM-5（《精神障碍诊断与统计手册》第五版）的疾病分类，目前的焦虑障碍包括：①广泛性焦虑障碍；②惊恐障碍；③场所恐惧症；④社交焦虑障碍；⑤特定恐惧障碍；⑥分离性焦虑障碍；⑦选择性缄默；⑧其他药物或躯体疾病所致焦虑障碍。我们今天要说的焦虑，更多的是指第一类：广泛性焦虑障碍。

一. 什么是广泛性焦虑障碍呢？

广泛性焦虑障碍是以广泛且持续的焦虑和担忧为基本特征，伴有运动性紧张和自主神经活动亢进等表现的一种慢性焦虑障碍。

对于广泛性焦虑障碍患者来说，焦虑和担忧是持续的、泛化的。他们无差别地担忧所有事情，总是感觉难以放松。甚至很多时候患者的描述是"不知道担心什么，但总感觉提心吊胆的"。除了感觉上的担忧和紧张，广泛性焦虑障碍患者还常常伴有出汗、手抖、口干、便秘或腹泻等自主神经紊乱的症状。

二．广泛性焦虑障碍的症状表现

广泛性焦虑障碍的症状可以分为精神症状和躯体症状两大类。

1. 精神症状

精神症状主要是持续的、泛化的、过度的担忧。泛化的意思是这种担忧与环境和事件无关，不论何时何地，他们总会有一些担心。他们的担心存在于生活的很多方面，且这种担心是过度的、持续的。比如，看到别处地震的消息后，因为担心地震而打开手机上的地震预警软件，这种担心属于正常反应，但如果自己生活的地方并非地震带，却因为担心地震跑到公园空旷的地方搭帐篷过夜，则是过度焦虑的表现。"害怕"是焦虑患者经常用于描述自己的词语，曾经有个患者跟我诉说自己的症状："像做了什么坏事，担心被人抓到。"

有的患者常常疑惑：我之前一直挺好的，就是压力大一点，怎么突然就焦虑了呢，而且怎么也缓不过来了。事实上，焦虑的发作可能源于"最后一根稻草"——当人们长期处在高压的环境下，身心没有得到很好的放松，那么有时候某个莫名其妙的画面就会触发焦虑。比如，曾来就诊的一位阿姨讲述有一天她在家看电视剧，剧中的车祸剧情突然引发其焦虑发作，出现心慌手抖、坐立不安等症状，脑内开始闪现自己的孩子在上班路上出车祸的场景。强烈担忧甚至促使她赶到孩子单位，只为确认孩子是否平安无恙。当看到孩子安全后，她好像松了一口气，但是崩断的那根弦好像没有回来。她变得很容易紧张，容易胡思乱想，莫名其妙地担心很多事情，经常出现口干、胸闷气短、心慌、失眠等症状，最后经心理科评估诊断为广泛性焦虑障碍。

2. 躯体症状

广泛性焦虑障碍的躯体症状主要是运动性紧张和自主神经亢进。运动性紧张主要表现为坐立不安、头痛、紧张难以放松、手抖等。自主神经亢进的症状涉及多个系统。

消化系统：常见口干、排气多、打嗝或者频繁上厕所等。比如，在面对重大事情时，部分人会突然想上厕所，这实际上就是自主神经亢进导致的。

心血管系统：可出现心慌、心悸、心前区不适等。心血管症状是广泛性焦虑障碍中常见的躯体症状之一。比如，患者会将病情描述为"总感觉心提在嗓子眼儿""总感觉心提着，落不下来"。

呼吸系统症状：可见气短、吸气困难，或过度呼吸，患者常诉说"总感觉气不够用，得大喘气"。

泌尿生殖系统和神经系统：可出现尿频、尿急、头晕、浑身疼等。

三. 广泛性焦虑障碍的治疗

如果怀疑自己存在广泛性焦虑障碍，我们首先要做的是到专业的精神心理科就诊，接受专业的评估。如果确定患有广泛性焦虑障碍，我们可以在医生的指导下接受系统治疗。除此以外，在日常生活中，我们可以做以下事情来缓解焦虑。

1. 改变对焦虑的认识

你有没有发现，当你抵抗焦虑的时候，你的焦虑反而加重了。实际上，焦虑是人类进化的产物。仔细看焦虑的表现，它们是不是会让你更警觉，更能迅速应对危险？在生存条件恶劣的远古时代，只有那些警觉性更高的人才能在与野兽的搏斗中生存下来。所以，当你感受到焦虑的时候，先不要抵触它，而把它当作一种提醒，仔细观察你的生活，它是不是提醒你最近神经绷得有点紧，需要放松一下了？或者它是不是提醒你需要打起精神来更好地提升自己，以应对未来生活的挑战？把焦虑当作提醒，在刚感受到焦虑的时候就做出改变，说不定可以及时避免更多的焦虑情绪出现。如果你把焦虑当作一种有害的、想要完全消除的情绪，那大脑会识别到你的这种抵触。此时"焦虑"本身就会成为新的焦虑源，引发你更多的焦虑和不适。

2. 关注当下，增加控制感

焦虑很多时候源于对未来的担忧。这种担忧占据了你的大脑，让你处在一团乱麻中，很难找到解决问题的那根"线头"。这时候我们要做的就是增加控制感，不再泛泛地放任自己纠结在乱麻中，而是试着让头脑中的事情具体化。让你飘在空中的大脑归位思考：现在我可以做什么？当你真正开始回到当下的时候，你会发现你做的任何一件小事都可以成为解决焦虑的线索。选择当下你做起来不那么费劲的事情，不管它有多小，与你担忧的事情有没有关系，都先行动起来。当你开始做的时候，你可能仍会感觉坐立不安，紧张难以放松，你的思虑不自觉地又飘到了担心的事情上。

没关系，这都是正常的，你可以提醒自己把注意力拉回来，当你不断地把注意力拉回来时，你会发现你专注的时间好像越来越长，不知不觉中，你就完成了你所选择的那件小事。"完成一件事"所带来的成就感和"专注"本身，都可以很好地消除你的焦虑。当你的大脑越来越多地集中在成就感、控制感或其他事情上时，它能分给焦虑的事情就会越来越少，焦虑感也会慢慢减轻。

3. 躯体放松也很关键

身体上的放松可以帮助我们的精神放松。有很多放松方式可以选择，最简单的就是腹式呼吸。选择一个舒服的姿势，把身上的眼镜、手表都摘下，将手机调到静音，把你的注意力放在呼吸上。吸气的时候，感觉气流从鼻子进入你的气道、肺部、腹部，感觉你的肚子像气球一样鼓起来，然后缓慢地呼气，呼气的时候感觉你的肚子瘪下去，气流缓缓地流出鼻腔。在这个过程中，你发现自己走神也没有关系，及时地把注意力拉回到呼吸上，不断感受你的身体。慢慢地，你会发现焦虑和躁动好像得到了缓解，你的意识单纯地集中在呼吸这一件事情上。

最后，我要说的是，出现焦虑症状不可怕，即使诊断为焦虑障碍，也无须过度恐惧。及时识别、早期干预并接受专业治疗，焦虑症状即可得到有效改善。其实在过去尚未意识到焦虑的时候，它一直存在着——若能将焦虑当作一种提醒，它甚至可能转化为促使我们进步的动力！

焦虑筛查量表（GAD-7）

在过去两周里，你生活中有多少天出现以下症状？拿出纸和笔，根据提示记下自己的得分，看看自己是否存在焦虑问题？

记分方式："没有"记 0 分；"有几天"记 1 分；"一半以上的时间"记 2 分；"几乎每天"记 3 分。

01 感到不安、担心及烦躁。

02 不能停止担心或无法控制担心。

03 对各种各样的事情担忧过多。

04 很紧张，很难放松下来。

05 非常焦躁，以致无法静坐。

06 变得容易烦恼或被激怒。

07 感到好像有什么可怕的事会发生。

如果总得分在 0~4 分，恭喜你！你没有焦虑症，建议继续保持健康生活；总得分在 5~9 分，可能存在轻微焦虑症；总得分在 10~13 分，可能存在中度焦虑症；总得分在 14~18 分，可能存在中重度焦虑症；总得分在 19~21 分，可能存在重度焦虑症。

温馨提示：测验结果仅供参考。如果出现总得分很高的情况，不要过度恐慌——最终诊断需由专业医生完成。

第五章

别让脑海里的『战争预演』吞噬掉你的能量

01

和事佬调停模式：温柔化解人性中的冲突

日常生活中总会遇到这样的场景，比如两个人正在争吵，有人走过去，一会儿劝劝这个，一会儿拉拉那个，在中间人的协调之下，两个人平息了这场争吵，坐下来冷静对话。

其实，"调停者型人格"与现实中的调停者有所不同，它是迈尔斯—布里格斯类型量表（MBTI）划分的16型人格中的一种人格类型。调停者型人格简称INFP，其中I代表内倾，N代表直觉，F代表情感，P代表感知。与很多人的认知不同，这类人格属于内向型（即当下流行的"I人"）。

调停者型人格一般被认为富有创造力、好奇心强、善良、追求公平，而拥有这种人格类型的人往往是这个世界的调解者。上学时，班里的很多班干部是调停者型人格。

他们希望班级和谐，不喜欢争吵和冲突，能够敏锐地捕捉到同学的情绪变化，努力让别人开心。他们在维护班级纪律、同学关系上发挥了非常重要的作用。现实中纯粹的调停者型人格并不多见，但其他型人格中都具有调停者的部分人格特征。

一．调停者型人格的特点

1.善解人意，富有同理心。调停者对情绪敏感，能够捕捉到他人情绪的微妙变化，能从别人的角度考虑问题，善良体贴，让别人觉得自己被理解、被关心。比如，朋友情绪低落时，他们总能第一时间发现，并用温暖的话语给予安慰；在家庭聚会中，他们能够平衡各方情绪，化解争执，营造出融洽的气氛。

2.追求和谐，宽容慷慨。调停者的感受力非常强，他们感受得多，理解得多，接受得也多。别人跟他们在一起时会感觉舒服，因为他们很擅长倾听和包容，从不会去过多地评价他人。他们对大部分事情都不会斤斤计较，乐于分享，寻求共赢，没有太多的攻击性。然而，他们内心也有自己的底线。当你侵犯他们的底线时，他们会非常生气。

3.满怀理想主义与创造力。调停者心怀理想，希望世界和平、人与人之间充满善意。调停者虽然是内向情感型，但他们对世界是充满好奇心的，富有创造力，喜欢提出新奇独到的解决方案。比如，在讨论集体活动或者项目设计策划时，他们常常能提出既具创新性又考虑周到的建议。

然而，调停者的性格优势在某些时候反而会转化为劣势，如果某些特质发挥太过，就会给自己带来心理困扰。比如，他们容易因过分关注他人而忽略自我，面对冲突时总是选择回避，久而久之导致内心矛盾积压。

二. 调停者型人格面临的外在挑战

1.过度追求完美主义与理想主义。他们有时候会不切实际。在调停者心目中，他们希望很多事情是完美的，但这个世界上恰恰没有什么是完美的。当现实与他们的理想产生碰撞时，他们不可避免地感到失望。

2.情感敏感脆弱。善解人意和善于共情是他们的优点之一，但恰恰也因为如此，他们很容易受到其他人的负面情绪或恶劣态度的影响。

3.过于取悦他人而忽略自己的真实感受。有时候冲突和矛盾带给他们的压力要大于委屈自己所产生的不适感。他们把注意力放在别人的情绪和需求上，没有精力去体会自己内心的真实感受和需求。

三. 调停者型人格在面临挑战时该怎么应对

除了致力于调节自己与他人、他人与他人的冲突，调停者很多时候还面临着自我内心的矛盾与冲突。这部分才是他们面临的真正挑战。那么，面对这些挑战，他们该做什么呢？

1. 自卑与自负的调停

调停者在某种程度上来说是自负的——因追求完美而持有很高的道德标准，并以此严格要求自己，这使他们很容易站在道德制高点上不自觉地审判他人。比如，我认识的调停者，他从来不占别人的任何便宜，固执到古板的程度，面对那些贪小便宜的人时，常会产生居高临下的优越感。

但同时，调停者可能陷入自卑，这种自卑同样源于对完美的追求：他们很难达到真正的完美，这会引发自我谴责，进而陷入自卑。

那么，如何在自卑与自负中寻求平衡呢？这需要我们在现实体验中做好每件事，完成事情的过程本身会增强对世界的掌控感，逐渐建立自信、消除自卑。而过度的、不合时宜的自负，则需要尝试与各种各样的人交往，深入了解真实世界的他人，避免陷入居高临下的"审判"。我们真正了解其他人时，会逐渐发现他人的闪光点，而非因某一点不合心意完全否定一个人。

2. 自我需求和他人需求的平衡

调停者时常会把他人需求置于自我需求之上，就像大海一样，表面平静包容，内在暗流涌动，深藏着很多未表达的自我需求。他们常常由于过度共情他人而忽视自己，当这些委屈积累到一定程度时，就会突然爆发。而当调停者习惯了压抑之后，很多时候他们甚至难以意识到自己也是有需求的。

所以，要实现自我需求和他人需求之间的平衡，我们需要首先"抓取"自己的需求。我们可以随身带一个小本子，用不同的符号代表自我需求和他人需求。当意识到冲突发生时，我们要把自我需求和他人需求记录下来并符号化，帮助自己增强自我觉察，更好地建立内心界限。当能够真正意识到自己的需求之后，我们需要做的是克服内心对于"和平"的过度追求，勇敢地表达自己，向对方的需求说"不"。在说"不"时，我们可以认同对方的需求，但也要坚定自我需求，然后提出一个折中的建议，从而实现自我需求和他人需求之间的平衡。

3. 追求自由和安全感的平衡

调停者渴望变化，向往自由，但同时他们又依赖安全感，很容易陷入"想飞又怕掉下来"的矛盾中。

要处理这一矛盾，我们可以采用折中的方法，首先给自己设立"安全基地"，比如备足能生活一段时间的存款、拥有一份相对稳定的工作、获取家人的支持等。当确定自己有一定的安全后盾后，再尝试追求自由——可以先从小的改变开始，给自己的自由目标设置百分进度。如果成为自由职业者是 100% 进度的自由目标，那么可以先尝试 5% 的突破，比如独自进行一次短途旅行。同时，记录突破的经过和感受。这既可以缓解自己因为得不到自由而产生的憋闷，又可以避免因害怕而不敢行动的困境。

改变不是一蹴而就的，每一个小小的努力都将成为自我成长和独立的基石。只要坚持探索和实践，保持内心的独立与平衡，调停者就可以保留优势、焕发光芒！

希望调停者能够知道："完美的平衡并不存在，我们应该追求更好的自己。"

02

解冻情感冰川：从"情感隔离"到拥抱人群

一日，衣着讲究的中年男性谭先生前来就诊。在就诊过程中，谭先生一直彬彬有礼，很有修养，从形象来看好像完美得无懈可击，问诊也没问出什么问题来，但我总觉得他的"完美"有些过头了，便想着换个角度再问一下。于是，我问："虽然你经济没有压力，但在外一个人拼搏，还得照顾一家老小，特别不容易，应该很累。这种累不仅是身体上的累，更是无人理解的心累。你有时间休息放松吗？"

谭先生沉默了一会，哽咽起来："从来没有人问过我累不累。"他擦一下眼角后连忙跟我说："对不起，对不起，大夫，我失态了。"我赶紧安慰道："没事，人都会有累的时候，有伤心难过的时候，想哭就哭，不要憋着，来这里不就是想让自己心里舒服吗？"谭先生再次沉默，低垂下脑袋，点点头。正好下一位病人还未到，我静静地等待谭先生稳定情绪。在稍后的谈话中，我了解到虽然谭先生家庭和睦，经济条件优越，与人交流感觉也很正常，但他总是觉得好像缺点什么，自己也说不上来，就是觉得每天上班、下班、应酬、回家……周而复始，重复同一个流程，不像一个有情感的人，更像是一台机器。时间久了，人变得越来越麻木，不想社交，也越来越不想回家，甚至懒得说话了。

听到谭先生这么说，我想到了一个词"情感隔离"。情感隔离并不仅仅是物理上的距离，而是内心深处与他人缺乏真实沟通和情感联结的一种状态。它是一种内心的防御机制，通常表现为对他人情感的疏离、冷漠或不信任。情感隔离与我们经常挂在嘴边的"孤独"是不同的，这是一种心理状态，往往源自过去的创伤经历、长时间的压力和情感上的未愈合伤口。比如，过去爱情的失败、亲人的离世、亲密朋友的背叛，或者是工作学习的压力、家庭责任等，会导致自我保护机制过度反应，心理上选择将自己封闭起来，建立情感隔离墙，以避免受伤，或经历情感波动。最耳熟能详的案例，莫过于情伤之后难寻恋人。

相对于情伤这类我们容易察觉的情况来说，谭先生的例子是生活中最常见却又容易被忽视的一种。这位患者平时塑造出"勇于担当""有泪不轻弹"的形象，只专注于事业，很少表达情感，看起来一切平顺，时间久了家人也会逐渐忽略掉他的情感需求，很容易出现情感隔离的情况。

一.情感隔离状态下的表现

1. 情感表达的减少

有些人不愿意表达自己的情感，即便内心有所波动，也会选择压抑，久而久之便不会表达情感，甚至对与情感有关的话题都难以开口。

2. 社交回避，害怕亲密关系

害怕深入的情感交流，在社交场合中表现得冷淡、疏远，甚至刻意保持距离。无论是朋友关系，还是恋人关系，一旦要步入亲密阶段，就感到不安，想要逃避或分开。

3. 内心孤独，情感麻木

明明身边有许多人，内心依然感到空虚和孤独，没有真正的情感依托。对待生活中的喜怒哀乐，感觉迟钝冷漠，很难从内心感到兴奋或悲伤。

4. 过度自我保护，缺乏信任

对他人缺乏信任，担心自己受到情感的伤害，下意识地封闭自己，不轻易向他人展示真实的自我。

情感隔离并不是我们内心真实的需求。谭先生没有失去对情感交流的渴望。他一直希望有人能够打破这种隔离，看到他的内心，来关心他、慰藉他，以缓解他内心的痛苦与孤寂，因此在听到关心他的言语后内心破防了，便哭了出来。

二．如何打破情感隔离，重建和谐关系

1. 调整心态，真实沟通

理解情感。情感是人生中最宝贵的财富。情感交流带来的是温暖和治愈，并不是一种负担或威胁。表达或接受他人情感是我们每个人的正常需求，不可耻，也不可怕。当遇到情感交流时，告诉自己"这很正常，人需要相互关心"。

放下防备心。试着告诉自己，不是所有人都会伤害我。每天花几分钟时间反思自己的想法，把"别人不可信"这种想法慢慢转变为"我可以尝试相信别人"。

自我对话。遇到困难时，不要总是责备自己，试着对自己说："我值得被关心，我也可以关心别人。"这种自我鼓励能帮助你更主动地与他人交流。

真实沟通。在调整心态后，真实的沟通是关键。学会表达自己的真实感受，并倾听他人的心声，能让双方在情感上建立更深的理解和信任。比如，谭先生回家后，他不说累，家里人不问，其实并不是家人不关心，而是家人习惯了他是一个"完人"。其实，他完全可以这样说："老婆/爸妈，我最近感觉压力有点大，陪我聊聊天吧！"

2. 从小事开始，逐步建立亲密关系

简单问候与闲聊。我们刚开始时可以先尝试与同事、邻居或老朋友打个招呼，聊聊天气或日常生活中的小事。这些简单的问候，看似不起眼，但是能够帮助我们逐步习惯与人交流，为深入交流打下基础。

设立沟通小目标。我们可以这样做：每周主动与亲人、朋友或熟人聊一次，见面、约饭最佳；或者参加一次小范围的聚会，比如同事或家庭聚会，尝试参与同事、家人间的闲聊。此后，每周或每月逐步增加频率，逐渐建立互动、社交习惯。

逐步递进的亲密行为。我们可以从小的亲密行为开始，比如，和朋友分享一点过去的经历或者情感故事，也可以与家人聊聊自己最近遇到的事情以及内心的感受。通过这些逐步增加亲密的交流，你会发现，其实亲密关系并不像你想象中那么可怕。

3. 学习简单有效的沟通技巧

真实表达自己的感受。在交流中试着用"我觉得……""我感觉……"来开场，而不是指责或批评别人。比如，你可以说："我最近压力有点大，想和你聊聊""我觉得最近有点累，心情不太好"等，替代"你从来不关心我""你们从来都不问"。这种表达方式更容易让对方感受到你的情绪，关注你的内心。

倾听与反馈。肢体语言往往能传递出比口头言语更丰富的情感信息。适当的眼神交流、微笑、点头和适时的肢

体接触（如轻拍肩膀）都能起到缓解隔阂、增加亲近感的作用。在别人讲话时，我们可以进行适当的眼神交流。听到别人分享快乐时，给予微笑反馈；听到倾诉时，认真听并适时点头或说"我理解"；别人难过时，我们可以用轻拍肩头、轻拍后背等方式，这种反馈能让对方感受到你的关注。我们还可以简单重复对方的话，确认自己听清楚了，这样双方更容易亲近，交流更顺畅。

4. 利用社会支持，积极参与集体活动

参加自己感兴趣的集体活动，比如运动会、手工小组或读书会。在这样的场合，大家都有共同话题，更容易打开心扉。平时与家庭成员交流较少的人要多参加家庭活动，尤其是节假日的出游活动，因为这些活动能很快拉近彼此的关系。你还可以把这些活动相对固定下来，比如，每周一次自行车骑行，或与朋友喝茶、聚餐等，形成固定的社交习惯，这会帮助你逐渐适应情感交流与互动。

谭先生是一个领悟力很强的人，在简短的交流后他心情好多了，回去准备着手打破这种情感隔离状态。从后来的复诊反馈中，我也感觉到他的明显变化。

情感隔离并不是与生俱来的，而是过度自我保护的结果。从调整个人心态到参与集体活动，每一步都非常简单、易操作，关键在于坚持和勇于尝试。虽然情感的世界并不总是容易的，但它充满了丰富的色彩。当我们打破隔离，勇敢去爱与被爱时，你会发现生活原来如此充实和美好！

大胆表达自己的想法，打破情感隔离。

看完本篇，你有没有什么话想对家人、朋友或爱人说呢？择日不如撞日，快拿出纸和笔，或者拿出手机，写下来交给他们，或对他们说出来吧！

———————————————————————

———————————————————————

———————————————————————

———————————————————————

———————————————————————

03

沉默的绽放：从"闭麦青年"到"社交悍匪"的进化论

　　小时候长辈们总喜欢用"沉默是金"来教导我，最初我认为是长辈嫌我话多，想出来的冠冕堂皇的理由，目的是让我少说话。然而，在成长的过程中，我逐渐发现，有时候沉默确实比滔滔不绝更有力量。比如有时候，别人说了一句话惹我不愉快时，我不想理他，就不说话了。结果对方会主动问：你怎么不说话了呢？是不是我说错什么了？而在同样的情况下，当我忍不住回嘴的时候，对方不仅没有歉意反而说得更起劲了。

　　为什么在这种时刻，不说话反而比说话更能发挥强大的作用呢？这就是"沉默效应"的力量。

　　说到沉默效应，你想到的是什么呢？是无话可说，还是尴尬的寂静？其实不然，沉默不仅仅是简单的"不说话"，它是一种复杂的心理现象，也是一种高超的沟通技巧。适时的沉默能够产生比言语更强烈的心理影响，是一种有意识的、策略性的沉默。当我们遇到沉默时，大脑会自动思考，试图理解沉默背后隐含的意义，来填补这个对话的"空白"。比如，当我们正在聊天时，如果对方突然沉默，我们可能会感到不安、焦虑，甚至怀疑自己说错了什么。沉默能够传递出多种信息，如思考、拒绝、不满、尊重等，在不同场合，有效表达意图，达成沟通目的，堪称沟通中的艺术。那么，沉默有哪些作用呢？

1. 沟通中的暂停键

沉默可以为不恰当或不合时宜的对话及时按下暂停键，起到缓冲的作用。当我们情绪激动或对话节奏过快时，沟通压力较大，导致相互误解的情况出现，无法继续沟通，失去沟通机会。这时候，稍微沉默一会儿，停顿一下，可以给双方一点思考的时间，反而能够让双方平静下来，理清思路，恢复理性对话。

2. 强烈情感的表达

除了起到暂停作用，沉默还可以直接表达强烈的情感。比如，夫妻之间闹矛盾，或意见不合时，其中一方可能选择用沉默来表达不满或拒绝，而不是争吵。在这种情况下，沉默表达的并不是"我不想说话"，而是在表达"我不高兴""我不同意这样做""我不想争吵"。这时沉默会比语言更能够表达出更丰富的情感，更容易让对方感受到自己强烈的情感，而且有时还可在一定程度上缓和沟通矛盾，避免冲突加剧。

3. 制造悬念，引发好奇

在一些沟通场景中，沉默有时也能制造出一种悬念，激发对方的好奇心。比如，我们在听别人讲故事时，或者在等待老师公布答案时，如果对方在关键时刻停顿下来，会导致悬念的出现，这个时候我们很可能会因为好奇后面的结果究竟如何，忍不住深入思考，同时也会更加专注于后面的故事情节发展。

4. 倾听与尊重

很多时候，我们与别人沟通时，可能会过于专注于自己的话语和观点，而忽略了对方在说什么。这个时候沉默能够让我们停下来倾听对方所思所想，更加了解对方，并做出更加有针对性的回应。通过沉默，我们能够让对方感受到自己的关注与尊重。

真正的沟通艺术，就是懂得何时该停顿，何时该继续。这时候，沉默往往成为一种至关重要的工具。那么，我们如何运用沉默效应，让沟通更有效呢？

在不同场景下，我们可以选择以下方法。

1. 工作中的沉默运用

在工作中，沉默往往是一种极其有用的沟通技巧。比如，在我们主持一场讨论会时，如果发现参会成员开小差，我们可以故意沉默片刻，引起参会成员注意，专注于会议内容。如果自己发言时间较久，也可以故意沉默，让参会成员有时间思考，主动提出问题或表达观点。这种沉默促使大家更加积极地参与讨论，避免只靠一个人的话语主导会议。

在一些合约谈判中，沉默是一种非常有效的策略。面对对方的提议或苛刻的协议条款，适当地沉默可以让对方疑惑于你的态度，觉得自己可能没有充分说服你，条约可能被拒绝。此时，对方会主动降低条件或提出更有利于你的方案，或者做出让步。

2. 情感关系中的沉默应用

在两性情感关系中，沉默的运用就更为微妙了。两性关系中，无论是情侣间还是夫妻间，时时相处，难免有摩擦，而且由于亲密关系的特殊性，摩擦很可能更为激烈且缺乏理性，稍有不慎就会伤害到双方感情。如果遇到意见不统一或发生矛盾争吵时，我们需要在冲突升级前及时刹车，选择适时沉默，这样能够帮助彼此冷静下来，避免言辞过激带来的伤害。在讨论问题时，如果对方急于表达自己的观点，我们停下来静静地听，用沉默和倾听让对方感受到被关注、被尊重，让沟通更为顺畅，还可增进双方感情。但在亲密关系中沉默时间不能过长，过长会起到反作用，让对方感觉到疏远，甚至引起更大的误会。我们需要掌握沉默的时机，避免沉默带来的负面影响。

在与亲人、朋友等人际交往中，沉默可以传递出多种情感。比如，当朋友遇到困难时，如果不知从何处帮助或安慰，我们可以选择沉默地陪伴，这比言语更能表达出自己的关心和支持。但是，需要注意的是，在与朋友发生矛盾或争吵时，一般不建议随意运用沉默，这样容易让对方感到被忽视或不被尊重。

3. 教育中的沉默运用

对教育相关工作者而言，沉默是课堂管理和教学的有效工具。如果我们承担了一些培训或教育工作，讲完一个知识点后，我们可以提出一个相关问题，然后停下来，等待几分钟。这样既可以给予学生调整状态、自主思考的时间，还可以帮助他们更好地集中注意力。

在一些课堂纪律较差的情况下，我们可以采取沉默与视线关注的行为来管理。在讲课时突然停下来，保持沉默，这样会引起学生的注意。很多学生会立刻意识到自己的行为可能不恰当，然后迅速调整并改正。

虽然沉默是一种非常有效的沟通技巧，但使用不当也可能产生负面影响。比如，过度的沉默可能会让对方感到被忽视或不被尊重；在不适当的场合保持沉默可能会让你显得冷漠或不关心他人。因此，在使用沉默时，一定要注意场合和时机，不可盲目应用，我们可以学习以下技巧。

1. 掌握沉默的时机

在沟通中，掌握沉默的时机很重要。在对话中观察对方的表情、语气，及时把握对方的心理变化，或在沟通的时候，一时难以回应对方的问题时，适时地保持沉默，会让我们更好地掌控对话局面。比如，当观察到对方语气激动或表情愤怒时，沉默可以让他们冷静下来。

2. 把握沉默的类型，配合肢体语言

沉默并不意味着我们一言不发，而是伴随着自己的心理活动或行为。比如，我们想要别人认为我们沉默是因为倾听，我们需要保持目光注视、适时点头予以回应或反馈；如果我们想让别人感觉到自己的不满，我们可以延长沉默时间，微微皱眉或轻微叹气；如果我们表达自己只是在思考，可以用单手或双手托腮、自然地眨眼等来配合沉默，等等。

沉默效应和沟通的艺术，看似简单，实则蕴含着深刻的心理学原理和丰富的实践技巧，而当我们明白这一切后，下次再面对沉默时，相信你也不会只觉得慌张、尴尬了吧？尝试运用沉默效应这一沟通的艺术吧！

04

破冰行动：用温暖行动对抗冷暴力

　　提到冷暴力，我不禁想起一位男性来访者小嘉的故事。这个故事我曾经多次提及。小嘉性格温和，看起来也很好相处，每次都准点前来，从不迟到，通过沟通我才了解到他的生活和工作关系都非常简单清晰，也没有太多复杂的人际关系和经历，唯一的问题是：交往多年的女友近期情绪波动明显，有时甚至会大吵大闹，摔东西，尤其一提到结婚的事情两人矛盾就更明显增加。后来，两人都变得沉默了，似乎没有什么话可以说。小嘉感到非常困扰，平时也没有什么大的矛盾，不知道到底是哪里出了问题，甚至担心女友是否会提出分手。

　　讲到这里，可能有人会觉得小嘉的女友脾气不好，甚至有些"作"。然而，深入沟通后了解到，他女友其实也是性格温和、不易发脾气的人。恋爱初期，他们的沟通十分顺畅，关系也很亲密，小嘉每次都积极回应女友的情绪，而后这种模式逐渐发生了变化。小嘉想起有一次他们俩发生冲突——因为自己约会迟到了很久，女友非常生气，大发雷霆。小嘉本想解释，但感觉自己什么也说不出来，只好不停地说对不起，试图通过拉手等亲密动作来表达歉意，进而安抚女友的愤怒情绪，但是女友情绪没有缓解，反而更加生气了。小嘉当时觉得自己非常尴尬，不知所措。自此这次冲突之后，小嘉就觉得自己的喉咙好似被"卡住了"，说不出话来，尤其在两人再次发生矛盾的时候，再后来他干脆什么都不说了，连安慰女友的动作也没有了。女友生气时小嘉不说话，他自己生气时也不说话，一旦觉得女友不理解自己，他就沉浸在刷视频、打游戏中。即使女友反复问自己怎么了，小嘉也当没听见。

这样的互动模式使两人的关系逐渐冷淡。对，他们陷入了冷暴力之中。

情感关系中的争吵或冲突是不可避免的，而每个人应对冲突的方式却各有不同。有些人选择正面应对，而另一些人则选择沉默。虽然冷处理在一定程度上可以缓和激烈的争执，但如果一味沉默且无回应，就会对双方关系造成更大的伤害。这种无声的情感攻击，往往通过忽视对方感受和拒绝沟通的方式传递出巨大的负面情绪，使得情感关系降至冰点。这种冷暴力不仅让对方感受到被排斥和忽视，还削弱了彼此的信任和亲密度，最终使感情逐渐疏离，甚至彼此怨恨，造成无法挽回的伤害。

要缓解冷暴力，必须探究其背后的心理成因，然后采取有针对性的措施。

1. 沟通能力欠缺

像小嘉这样性格内向的人，在日常交流中可以顺利表达自己的意见，但在面对冲突时却显得手足无措。他们可能不知如何恰当地传递自己的情绪，担心言语会进一步激化矛盾，因此选择沉默来"缓和局势"。然而，这种回避并不能解决问题，反而可能让对方感觉到自己被忽视，从而导致矛盾进一步加深。

2. 情绪化防御机制

有些人在面对冲突时害怕情绪发泄会伤害对方，因此选择沉默隐藏自己的愤怒。然而，这种方式虽然暂时缓解了矛盾，却无法从根本上解决问题。隐藏的情绪会像定时炸弹一样，一旦积累到临界点，就可能爆发，导致更为激烈的矛盾冲突。

3. 童年经历的影响

有些人在童年时期就学会用沉默来保护自己，避免冲突升级。例如，那些在父母打骂或严厉指责中长大的孩子，可能通过闭口不言来规避危险。这种机制虽然在童年自我保护中起到一定作用，但延续到成年后，可能演变为冷暴力，成为亲密关系中的障碍。

4. 缺乏安全感

一些人因为内心深处的恐惧，如被拒绝、被抛弃等，选择压抑自己的真实情感，希望能用沉默来维系表面上的平静。他们害怕表达后被对方否定或忽视，于是试图用冷暴力来控制局面。然而，这种行为往往适得其反，加剧了双方的情感疏离。

5. 潜在的操控风险

冷暴力有时也包含了某种程度的控制欲。一些人通过保持沉默使对方感到不安，希望对方主动妥协或让步。虽然这种方式可能短期奏效，但从长远来看，不仅伤害了对方的感情，也对自身心理健康造成了负面影响。

后来，我与小嘉的女友也进行了沟通。正如我所料，在这段关系中，她感觉到了来自小嘉的忽视，这种忽视让她非常痛苦。她并不是爱哭闹的人，但是在小嘉面前就想哭闹一下，只为了让男友关注自己，用甜言蜜语哄自己开心一下。谁知道反而越来越严重，自己闹也没意思，索性就什么都不做，什么也不说了，最后就出现了"你不说我也不说，你想说我还不想说呢"的局面。

其实，他们都陷入了冷暴力的循环中，但是他们都希望有人先站出来打破循环，那么如何才能打破冷暴力的循环呢？以我的临床经验，给大家提供几种参考建议。

1. 情感付出中，不必争强好胜

亲密关系并不是一场谁付出更多的较量，而是一次次彼此滋养的过程。冷暴力常常源于"谁先低头"的执念，而这种执念会让双方陷入更深的对抗。如果我们能够放下对输赢的执着，学会在感情中做一个主动给予的人，不计较一时的付出，而是注重长久的相处质量，便能打破僵局。比如，当对方情绪低落或陷入沉默时，主动关心一句"你还好吗？"就能打开彼此心结，拉近距离。记住，主动示好不是认输，而是为爱找到出路。当对方主动尝试打破沉默或表达感受时，可以给予积极的回应，比如点头认可、微笑或言语鼓励。这种正反馈可以让对方感受到沟通的积极氛围，更愿意继续努力。

2. 认识情绪，表达感受

首先要意识到自己的情绪，理解自己为什么生气，并学会向对方表达这种情绪。当意识到自己生气后，其实愤怒的情绪就被按下了暂停键。这时候可以告诉自己，不要急，先让自己安静一下，然后再表达自己的感受。例如"我现在有些生气，我需要一些时间冷静下来，然后再好好谈谈"。这种表达既能让对方了解你的情绪，也能避免情绪被误解或积压。此外，双方还需要就此问题协商，达成一致。比如"我们吵架时，哪怕生气，也不要超过一天不沟通""要生气时，可以提前预警说出：我要生气了！""如果对方需要空间，可以明确说出来"等。这种事先的约定能够减少冲突时的误解和摩擦。

3. 给予彼此时间和空间

在生气的时候，短暂的独处空间和时间可以帮助彼此冷静下来，但关键是要明确告诉对方"我沉默是为了冷静下来，而不是不想理你"。要让对方明白冷静和沉默不是要中止对话，也不是忽视和漠视。记得，冷静下来后要主动恢复沟通，以避免误解和情绪积累成更大的矛盾。

4. 培养有效的沟通技巧

积极倾听和理解对方的想法和感受，避免用指责的方式交流，这有助于化解矛盾而不是激化它。冷暴力的伤害不仅是沉默，还可能在后续的语言交流中表现为冷漠或刺伤人的言语。学会柔化语言，用更温暖的方式传递信息，可以让双方的关系得到修复。可以多使用"我觉得"而非"你总是"的句式来避免让对方觉得自己被攻击了。

5. 建立安全感和信任感

通过持续的真诚沟通和稳定行为，增强彼此的信任感和安全感，让双方更加愿意表达真实的情感。比如承诺的事情要做到、不逃避对话、不随意翻旧账，逐步增强彼此的依赖感。同时，表达爱意和认可也是建立安全感的重要方式，比如肯定对方的努力、经常用具体的语言表达感激和爱意，而不仅仅是沉默。当双方感到被接纳和尊重时，关系自然会变得更紧密，冷暴力也会逐渐减少。

通过调整沟通方式，小嘉也逐渐学会表达自己的情绪，而女友也意识到自己的行为对关系的影响。他们愿意共同面对问题，并在咨询的帮助下修复了彼此的关系，重新找回了曾经的甜蜜。

无论爱情、友情还是亲情都需要理解与尊重，也需要坦诚与交流。冷暴力虽然是一种无声的情感伤害，但只要双方用心努力，就一定能打破沉默，让关系重归温暖。当冲突来临时，试着勇敢表达，打开你的话匣，而不是一味地沉默！

小测试

你有冷暴力吗？

01 对方说的话不符合自己的想法，就不理睬对方。

02 如果吵架了，看到信息也不回复。

03 当对方不小心做错事时，习惯性讽刺、嘲笑对方。

04 生气了，会拒绝爱人的碰触，直到对方认错。

05 如果得不到满足，就会疏远对方。

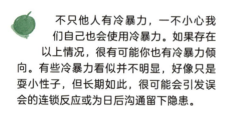

不只他人有冷暴力，一不小心我们自己也会使用冷暴力。如果存在以上情况，很有可能你也有冷暴力倾向。有些冷暴力看似并不明显，好像只是耍小性子，但长期如此，很可能会引发误会的连锁反应或为日后沟通留下隐患。

第六章

让你时刻
元气满满的
开启心灵自愈模式

01

解锁隐藏的超能力：积极暗示激活正向能量

　　在讲暗示前，先感谢一下大家陪我一路走到这里，谢谢你们！最近有些疲劳，想到这个话题，好似给自己打了点"鸡血"。如果这个时候你们多鼓励我，表扬我，我肯定能够鼓足干劲，做得更好，你们说呢？遇到困难的时候，你是不是也会给自己鼓劲，会给自己加油？这就是心理暗示。

　　生活中心理暗示无处不在。我们走在路上，别人看你一眼，你会不自觉地想，是不是我脸没洗干净？有人对你说："你今天的衣服真漂亮啊！"你就会下意识地多照镜子，或者多看衣服，心里美滋滋的，走起路来也挺胸抬头，很有自信。心理暗示就是这样，作用远超你我的想象，不但会影响个人的心理与行为，还会影响别人的感官和生理变化。因此，积极且正向的暗示可以调节我们的情绪，帮助我们进步，但是消极且负面的心理暗示不仅会扰乱我们的心理，同时还会影响别人的感官和生理功能。

记得小时候爸爸跟我说："老四（家中排行第四），你小腿长，比例协调，肯定跑得快，如果参加长跑比赛，肯定能够拿第一名！"我当时听了特别高兴，每次上体育课跑步最积极，平时也特别爱跑、跳，还总爱玩单双杠，精神头很足。但其实我个头小，每次上课间操只能站在队伍最前面，排座位的时候也只能坐在第一排，这就是现实中的我。大学时期总爱报名 1200 米的长跑比赛，虽然第一次被绊倒了，但我还是继续报名参加下一次比赛，连师兄都说我："你个子不高，跑得又不快，居然还敢报长跑比赛？厉害！厉害！"我每次跑完都很兴奋，虽然没有一次得冠军，但是每次仿佛自己得了冠军似的。这大概就是因为爸爸那句鼓励的话，加上我不断进行的自我心理暗示，发酵之后形成的力量和自信吧！

来自父亲的鼓励，成为我最大的心理正向暗示，使我有了很大的自信和勇气，即使那个时候的我并不完美。外在的心理暗示是助力，但并不持久。想要让这些积极的心理暗示持续长久稳固下来，需要一些方法。

第一，设计一个常用的自我"暗示指令"

1. 心理暗示要结合自身实际，且"暗示指令"要简单有力。记得小时候老师都建议给自己选一句座右铭，这句座右铭起到的就是积极暗示的作用。当我们觉得自己缺乏能量，需要给自己鼓劲，或者在一段时间内压力较大，想要提高自己的抗压能力时，座右铭就能起到很好的支撑作用。此外还可以想一些简单有效的句子，时刻在心里默念，比如"我有能力完成""我能坚持住""我记忆力很好"，等等，简单的句子反复重复，形成积极信号输入大脑，帮我们建立强大的自信。"暗示指令"要主动给自己下达。我在睡前经常会在心里想"今天过得不错，今晚我要做个美梦，梦到许多好吃的，梦到在大草原上骑马"。当天晚上我肯定能做个美梦，第二天起床就会感觉心情愉悦、精力充沛。如果第二天遇到考试，我睡前会告诉自己："没事！考的肯定全都会，蒙的肯定全都对。"考试前就不会太紧张。这些小小的暗示看似不起眼，却能在我们内心种下一颗安定的种子，让自己静下来，减轻压力。

2. "暗示指令"要用正面的词，避免反面的暗示。积极暗示需要一定技巧，需要注意用词，在给自己"暗示指令"时用积极的词语代替消极的词语。比如在紧张的时候我们给自己的指令最好是"我可以放松下来""我可以表现得很好""我一直很棒"，而不是"我不紧张""我不害怕""我不胆怯"。我记得第一次上台发言前我很紧张，心跳得很厉害，手心都出汗了，很担心自己表现不好，忘记演讲词，这时，我告诉自己："没事，没什么大不了的，心跳快点没关系，我可以放松下来，大家都会心跳加快的。谁还没有第一次啊！"结果，发言效果很理想。

3. "暗示指令"需要反复强化。暗示不能随意而为，需要不断重复，让正向暗示成为习惯，这样才能成为你不断前进的强大动力。

第二，日常生活中可以随时随地进行正向暗示

日常生活中可以有意识地进行暗示的转化，不要总强调负面结果。比如，遇到晴天，我们可以这样想："今天真是晴朗的好天气"；遇到下雨天，则这样想："下雨了空气肯定会更加清新"；遇到下雪天，我们可以期待"银装素裹的雪景太美啦，还可以打雪仗、堆雪人"。而不是晴天担心晒黑，下雨天担心弄脏衣服，下雪天担心路滑。

多用一些正向暗示，避免用消极的念头来暗示自己。比如开车经过事故高发路段的时候，不要总是提醒自己"这段路总是出交通事故"，越这样想心里就会越紧张，越容易发生交通事故，试着换一种说法，比如"经过这段路时应该减慢速度"。

遭遇失败时，不要沮丧，可以试着把每一次失败都当作是最后一次。试着对自己说："这是最糟糕的了，不会有比这更倒霉的事发生了。"就好比已经坠入谷底的人，以后不论怎么走必然都是越来越往上爬的。

这里我想到了阿Q，他的自我暗示运用得非常到位，虽然在很多时候看似自欺欺人，但实际上是一种自我调节方式，在关键时刻帮阿Q渡过心理难关，维持心理平衡。他很会运用积极的词语来安慰自己，譬如"儿子打老子"。作为普通人，阿Q精神其实很实用，在一些需要避免冲突的时候能够很快调整心态。我们不妨试试哦。

第三，记录快乐日记

生活中常常有很多一闪而过的小确幸，在手机上开启一个快乐记录簿，随时随地记录生活中开心的、美好的，让你安心的事情。比如，今天上班路上一路绿灯；比如，在路上捡到一片独特的叶子；再比如，迎面吹来的凉爽的风，傍晚天边的一抹夕阳。这一切的一切都可以记录下来。这些记录会成为你难过、失落时的积极养分，能够滋养你的心灵，帮助你从负面的情绪中解脱出来，积蓄力量更好地应对生活。

最后，跟大家分享一下我的座右铭："天生我材必有用，千金散尽还复来。"我非常喜欢这两句，对我的性格养成有很大的影响。不知你的座右铭是什么呢？

小游戏

优点转转转

01 准备好彩色便贴纸（长条即可）、笔、不透明纸盒（或笔筒）、日记本。

02 在便贴纸上写下自己喜欢或认可的优点（不局限于自己），至少 6 条，放入纸盒中。

03 在白色圆形纸片上画出罗盘形状，分 6 栏。

04 从盒中抽取便签纸，根据优点，在日记本上写下与此有关的自己曾做过的事，贴在罗盘上，直到贴完。

05 如果可以记录的事情超过 3 次，奖励自己一顿美食或一件礼物。

 我们每个人都有自己的优点和缺点，认清楚自己的优点，时时予以肯定，一定会更加充满自信，更有干劲。

我决定
真心对自己
好一点

02

情绪红绿灯转换术：给"坏情绪"按下暂停键

　　我的患者朋友经常问我的一个问题是：我的脑海中时不时出现一些负面情绪，该怎么摆脱这些负面情绪呢？

　　此刻，我的脑海中突然闪现出一个问题：负面情绪就必须摆脱掉吗？

　　虽然，我们平时喜欢将"摆脱负面情绪"挂在嘴边，但仔细想一下：负面情绪本身就那么罪大恶极吗？负面情绪就必须要消灭掉吗？我们对负面情绪有明确的定义吗？所有让我们不舒服的情绪都是负面的吗？又或者说情绪可以简单地被分为"好"或者"坏"吗？

　　面对这些疑问，我不妨通过两个场景来为大家进行解答。

第一个场景：

　　如果正在考试，你的橡皮不小心掉在了地上，当你低头捡橡皮的时候，后桌的同学正好把一张小纸条扔到了你的脚边。监考老师立刻厉声喝道："那两个同学在干什么？是不是在传纸条？"你连忙解释："不是的，我只是在捡橡皮。"老师生气道："别狡辩了，你肯定是在捡纸条，不然怎么会那么巧！好了！别解释了，认真做题，否则别考试了！"你拿着橡皮，看着老师板着的脸，一股委屈和愤怒涌上心头。

　　毫无疑问，在这个场景中，这种委屈、愤怒的情绪是负面的，是所有人都讨厌的。但换一个角度来说，其实愤怒也是一种能量。如果你能够将愤怒转化为动力，努力学习、铆足了劲来证明自己学得很好，根本不需要作弊，那这种愤怒反而有利于你提升学习力，使你更加进步，越来越优秀。

第二个场景：

　　如果你参加了一场运动会或者演讲比赛，一路过五关斩六将拿到了比赛的冠军。站在领奖台前，你的心怦怦直跳。你的心里是喜悦的，但又有控制不住的紧张。你感觉自己的脸红了，心跳也越来越快。面对人山人海的场面，还有热烈的掌声，你感觉双脚像灌了铅一样，步伐十分沉重，心里不由得开始担心：我说感谢词的时候不会结巴吧？我穿的衣服够不够得体？我鞠躬的角度会不会有问题？乱七八糟的想法占据了你的脑海。你感觉自己已经失去了表情控制。

其实，在得到冠军的时刻，内心的喜悦是一种积极的正面情绪。那么，在领奖前的紧张无措是负面情绪吗？其实这主要看你的反应了。如果这种紧张让你在领奖台上大脑一片空白，什么话都说不出，我们可以认为它是负面的。如果这种紧张，督促你在上台前将演讲稿背诵得滚瓜烂熟，当你登上领奖台演讲的时候，表情自然，声音抑扬顿挫，控场游刃有余，我们还能认为它是负面的吗？

其实，所有的情绪都有其合理性和两面性。你有没有想过，为什么我们生来就自带情绪？小宝宝自发学会了开心、生气、害怕。实际上，情绪是刻在人类基因里的东西。我们从情绪中受益，情绪的存在可以让我们更好地应对周围环境：在原始社会，原始人生活在森林或荒野中，那里有很多的野兽，随时可能攻击人类。在这种环境下，紧张恐惧的情绪可以让人类变得警惕，当野兽发出攻击的那一刻，人类可以迅速逃离攻击，从而更好地活下来。调节情绪有助于建立和谐的社会秩序。正因人类存在内疚、羞愧、自豪等一系列复杂的情绪，才使得我们能够更好地遵守社会规则与秩序，人与人之间才能进行良性的互动。

在我们的生活中情绪无处不在。有时候情绪是积极的，让你精力充沛、动力十足；有时候情绪是消极的，让你心烦意乱、坐立不安。每个人都希望自己能天天开心快乐，希望烦躁、焦虑、悲伤等负面情绪远离自己。但从心理学的角度来说，我并不建议大家过度追求开心快乐，而完全抵触消极情绪。情绪是我们平淡生活的调味剂，不管是积极的情绪还是消极的情绪，都是我们生活的正常组成部分，我们并不能彻底消灭消极情绪，所以不如放开自己去接纳它。如果总是提心吊胆，让自己时刻处于紧张情绪之中，那么，这种紧张又何尝不会变成新的焦虑点呢？

当然，接纳并不代表躺平摆烂，彻底让情绪掌控自己。相反，接纳是改变的开始。通过以下四步，我们可以更好地摆脱负面情绪。

第一步，识别情绪

正如前面所说，接纳是改变的开始。当我们身处激烈的情绪中时，思维和认知常常会被情绪所裹挟，做出不那么理智的反应。因此，首先要承认并接受自己的情绪，多问问自己："我现在感受到的是什么？"比如，你感到愤怒，对自己说"我正在生气"；如果感到恐惧，就承认"我在害怕"；如果感到委屈，要意识到自己现在感觉很憋闷……通过不断练习来增强这种察觉力，一开始可能很难，你在怒吼完之后才意识到自己处在愤怒中，这都没关系。当你意识到的那一刻，停下来告诉自己：发脾气是没用的，解决不了任何问题，反而可能会带来更大的麻烦。也可以试着告诉自己：这是体内积压的愤怒在发泄，是在给情绪排毒。然后，深深地吸气，屏息 2 秒，然后长呼一口气，连续做三组，等做完之后你会发现，那股怒火好像没有之前那么强烈了。当你觉察到自己突然有强烈的情绪反应，接下来就可以采取措施让理智从情绪中挣脱出来，掌握主动权。

第二步，找到情绪的源头

当我们识别到情绪并通过深呼吸暂停下来之后，可以尝试寻找情绪的真正来源，是工作中受的委屈让你感受到的压力，还是丈夫不顾家让你感到不满？又或者是婆婆误解了你的好意？只有找到情绪的源头，才能真正地表达情绪，让你的情绪发泄得更有意义。

第三步，表达情绪

情绪不能过度压抑，要不然会像不断吹气的气球，总有一天会爆炸。告诉自己，作为一个有血有肉的人，有情绪波动完全是正常的，关键是要找到一个健康的、恰当的方式，释放出负面情绪。你可以想象自己站在空旷的田野上，大声喊叫发泄内心的憋闷和不满；也可以通过运动，将愤怒化作运动的力量；或者写日记，把内心的愤怒、委屈都写下来。总之，将负面情绪用一种安全的、不伤害自己和他人的方式发泄出来，才能更好地帮你恢复内心的平静，从而真正地解决问题。

第四步，将负面情绪转化为积极行动

情绪的表达和发泄只是第一步，在找到情绪的源头之后，你明白了情绪产生的原因，那么接下来就可以试着采取行动去解决负面情绪问题。如果是积压的工作过多，那么试着寻求同事和领导的帮助；如果是对即将到来的考试有担忧，那么试着制订更详细的复习计划，设定更合理的考试目标;如果是与家人的矛盾,那么试着平心静气地沟通,很多家庭矛盾都是沟通不畅所造成的,矛盾说开了,问题就解决了,心情自然舒畅了。

下面,我们来试着练习这个过程:

我们想象这样一个场景:你在工作中遇到了难缠的客户,他非常不讲道理,不仅否定了你的工作,而且还向领导投诉了你,你压着一肚子火回到家里,推开家门,看见孩子摊了一地的纸、彩笔和玩具。此刻孩子正坐在地上画画,光脚踩在冰凉的地砖上,既没穿袜子,也没坐在垫子上。你的火气噌地一下就上来了,冲过去把孩子一把拽起来,对她喊道:"你看看你把家里弄得乱糟糟的,还没有穿袜子,等会儿肚子疼了,怎么办?"孩子正在开心画画,被你这么一吼,愣了一下,然后咧开嘴巴大哭起来。你吼完孩子有点后悔,觉得不应该对孩子那么大声。这时,孩子哭着递给你画纸,你接过来打开一看,原来是孩子给你画的贺卡,上面画着手牵手的两个小人,还歪歪扭扭地用拼音写着:妈妈辛苦了,我爱妈妈!顿时,你的眼泪一下子流了下来,更加后悔自己刚才的举动了。

好了,想象到这里先停下来,然后让我们慢慢回溯。回到你刚回家时的场景,当你看到乱糟糟的家,顿时火冒三丈,但你并没有立刻发泄情绪,而是觉察到自己此刻强烈的愤怒,识别到自己的负面情绪。接下来你又很快意识到,是工作中的委屈让你的情绪变得易激惹,你在不经意间将工作中的怨气带回了家里。意识到这个问题之后,你停在门口,给自己两分钟，低声发泄工作中的不满，同时告诉自己：家是休息的地方，不要把外面的怨气带回家，我可以通过倾诉的方式来向家人表达我的委屈，寻求他们的安慰，而不是把怨气一股脑地撒在他们身上。你越想越冷静，感觉火气慢慢降下来。这时，孩子发现你回来了，兴冲冲地拿着自己的画向你献宝，你看着贺卡上的"妈妈我爱你"，感觉压力、委屈好像在这一刻都被抚平了。

量变达到质变。当然前提是需要你不断坚持与努力，相信我们一定能调整好自己的情绪。就像阿德勒在《自卑与超越》中讲的，身体缺陷让他自卑，但也因为这种自卑让他不断在其他方面努力。所有的感受都有它出现的理由，无论积极与消极。在我们遇到时，认识它，了解它，学会调节和运用，让它成为我们成长的动力源泉！

03

让伤痛化作重生翅膀：与原生家庭和解的心理疗法

　　说到原生家庭，我不由得想起出门诊时许多人都忍不住跟我抱怨："都怪父母当初不关心我""家里人重男轻女""从小父母感情不和，总是吵架""父母管教严厉，只有考第一他们才高兴"，等等，认为原生家庭导致了自己今日之病。这些人的情绪问题多少都与原生家庭有关，因为原生家庭是塑造我们最初性格、价值观和行为模式的地方，对个人性格养成起着至关重要的作用，对个人的生活会产生长期、深远的影响，甚至会决定我们一生的命运。

　　有人认为童年的阴影会伴随人的一生，原生家庭的影响不可逆转；但是还有一种观点认为，虽然原生家庭的烙印难以消除，但我们完全可以通过后天努力摆脱负面影响，创造属于自己的生活。你同意哪种观点呢？不急，我们看完再来回答。

原生家庭是我们出生后最早生活的环境，这里不单指父母、兄弟姐妹、祖父祖母，还包括家庭成员间的互动方式、沟通习惯以及处理冲突的方式。人无完人，原生家庭亦是如此，并非所有家庭都是温馨和睦的。

一、原生家庭对个人带来的影响

1. 依恋关系与安全感的建立

婴幼儿时期，我们在父母的关怀和陪伴下成长，与父母形成了强烈的依恋关系，建立起对世界的基本信任感。如果家庭充满温暖，给人无尽的支持，孩子通常会发展出较强的安全感和自信心。

相反，如果父母忽视孩子的需求，会让他们感到孤独与不被爱，内心缺乏安全感，很难信任别人。比如，父母忙于工作、缺乏情感交流，或有意无意压制孩子的情感表达，容易使孩子内化出"我不重要""不被爱"的信念。这种信念会影响成年后的自尊与人际交往的发展。

2. 情绪和行为模式的学习

家长的言行举止无时无刻不在影响着孩子。不管是积极乐观的沟通方式，还是消极冲突的解决方式，都会成为孩子未来处理问题的参照和模板。良好的家庭氛围，积极的沟通方式，会让孩子乐于沟通，身心放松，充满自信。

如果家庭环境充满冲突、父母离异或存在家庭暴力行为，会让孩子长期处于紧张和恐惧中，不仅影响孩子的心理健康，还可能在未来出现对亲密关系的恐惧或暴力冲动等行为。

3. 价值观和信念系统的奠基

家庭是我们最初学习道德规范、社会规则和人生目标的地方。良好的家庭文化、传统习俗等潜移默化地影响着我们，帮助我们树立积极的价值观。

然而，有些家庭对孩子要求极高，常常以批评或惩罚来维持所谓的权威，这种方式会使孩子有完美主义倾向，对失败和挫折异常敏感，甚至产生自我否定和焦虑情绪。还有些家庭习惯以物质来衡量成败，这样可能会导致孩子形成"唯利是图"或"物质至上"的价值观念。

正如开头所言，不少人认为原生家庭的影响会伴随一生，决定了我们每个人的命运。事实上，虽然原生家庭如同烙印一样难以磨灭，但它并不是不可改变的宿命。现代神经科学研究表明，大脑具有高度的可塑性，但通过后天的学习、心理干预和自我觉察，许多不健康的模式都可以得到调整和修正。我们从原生家庭习得的情感和行为模式，就像刚出厂的手机设置或默认设置一样，只要选择了想要的按键就可以调整。这个设置的过程就是成长的过程，我们一生都在学习成长，能力和情绪都可以通过努力获得改善，保持成长的心态，坚持不懈，我们就可以摆脱原生家庭的负面影响，创造属于自己的生活方式。

二、如何摆脱原生家庭的影响

1. 增强自我意识与情绪觉察

很多时候，我们潜意识中会重复家长的行为模式及执念，所以我们越长大越像父母，而我们可能并未意识到这些来自童年的烙印。所以，要想摆脱原生家庭的负面影响，我们首先要清楚自己哪些方面受到影响，需要对内心执念和行为模式进行深刻反思。

我们可以每天抽出几分钟，把当天的情绪体验、触发情绪的事件，以及自己的内在反应写下来。时间久了，我们会逐渐发现哪些事件、情景会让自己焦虑或不安。我们是如何应对的，最终处理的方法是否合理。从而有针对性地寻求改变策略。

2. 情绪接纳与宽恕

接纳自己曾经的伤痛。很多时候，我们会对自己的情绪产生抗拒，认为自己不该有消极的感觉。学会接纳自己的所有情绪，包括痛苦、悲伤和愤怒，接纳并不意味着认同过去所有的经历，而是认识到这些经历是自己生命中不可或缺的一部分。只有正视并承认那些伤痛，才能开始真正的治愈。

宽恕也同样重要。如果可能，尝试去理解那些曾经伤害过你的人，他们或许也受困于自身的局限，宽恕并不代表赞同，而是一种让自己放下过去、轻装前行的方式。然而，很多时候，童年创伤不仅让我们对他人充满怨恨，也让我们对自己过于苛责，充满自责与愧疚。因此，我们要学会宽恕自己，原谅自己，许多问题并不是自己造成的，你才是那个受害者，为什么要用别人的错误来惩罚自己呢？

我们可以通过写日记、写信（即使无法邮寄）等方式，将内心的不满和痛苦表达出来，然后学会放下，这些方法可以大大减轻心理负担。

3. 寻找心灵寄托

每个人都有属于自己的心灵寄托，或许是一曲美好的音乐、一本温暖的书，或者是大自然的怀抱。通过这些方式，我们可以把内心的痛苦转化为美好的表达形式，实现情绪宣泄与自我理解。

如果你喜欢绘画，可以拿起画笔，将心中的情感、记忆以色彩和线条表现出来；如果你喜欢写作，不妨写下自己的故事……无论哪种形式，都能帮助你重构内心的世界，画得好与坏，写得好与坏都没有关系，表达自己才是最重要的。

音乐能直接触动人的情感，通过聆听或演奏音乐，我们可以感受到不同情绪的流动；而舞蹈则能让身体释放积压的情绪，让人在运动中感受自由。我们可以平时多随音乐起舞，不论跳得好坏，跳起来才是最重要的。

此外，清新的空气、广阔的视野和自然的声音，能让我们在紧张和压力中获得难得的放松与宁静，实现心灵的寄托。我们可以经常去公园、湖边、田野散步，或者去风景秀丽的地方远足、旅行，享受自然界的宁静与美好，感受生命的活力，激发对生活的热爱和对未来的期待。

4. 积极成长，向前看

原生家庭是我们的过去，并不是我们真实的未来，未来是属于我们的。向前看，过好自己当下的日子才是摆脱原生家庭负面影响的根本。

积极成长，面向未来。我们可以给自己设定生活目标，无论是工作、学习还是兴趣爱好，目标不断实现，会让我们充满自信。其中拥有经济独立和生活独立能力非常重要，只有我们能够独立掌控自己生活的各个方面时，原生家庭的影响才能逐渐减少，建立起属于自己的空间。因此，我们在规划目标时，首先要规划好经济独立与生活独立。比如，努力工作争取早日加薪、自己做饭、自己收拾家务、自己做决定等。

摆脱原生家庭的影响，也并非一朝一夕可以实现，这是一个我们需要不断努力、自我反思和实践的过程，是不断成长和改变的过程。虽然可能既艰难又充满挑战，但我们只要牢记：每个人都有改变的能力！只要想，只要做，无论过去多么坎坷，未来总有无限可能！

小测试

你是否需要摆脱原生家庭的影响?

01 家人是否经常要求你满足他们的情感或物质需求，而忽视你自己的需求。

02 父母对你的生活过度干涉，如择校、择业、恋爱、婚姻等，不尊重你自己的意愿。

03 家人习惯性对你嘲笑或否定，不认可你的价值。

04 家人对你没有边界感，缺乏尊重，随意进入你的房间，或翻看你的日记，觉得你是他们的家人，这么做都是为了你好，都是对的。

05 面对家人时，你常常无法冷静，暴躁易怒，情绪失控。

如果你踩中了某条或几条，说明原生家庭已经影响到你了。这意味着你需要采取措施，调整自己，及时摆脱这些负面影响。

04

快乐发酵指南：让你幸福翻倍的 5 个习惯

在心理门诊，我对患者说得最多的一句话是："对自己好一点。"

不快乐的人，其实往往是对自己不够好的人。这些人习惯对自己提出各种苛刻的要求，希望自己成为理想中的"好人"，甚至成为完美无缺的"完人"，不允许自己犯任何错误，不允许自己有任何懈怠，更不允许自己感到沮丧。当遇到冲突或挫折时，他们会习惯性地反思："是不是我太小心眼了？""如果我更努力一点，是不是就不会这样了？"这种理智上的"自我要求"很容易变成对自己的攻击，情感上也越发过不去这道坎，最终陷入失落和痛苦的漩涡。

所以，快乐的第一要义是：不要对自己那么苛刻。接纳自己的不完美，允许自己偶尔感到失落，甚至允许自己暂时不快乐，这种接纳本身就是快乐的起点。

快乐不是刻意追求，而是自然而然

心理学家丹尼尔·吉尔伯特在《撞上快乐》中说道："人们无法凭直觉猜测，也无法准确预言到底什么能带来快乐。快乐往往是在一个偶然的时刻出现的。"换句话说，快乐是不可计划或控制的。刻意追求快乐，反而可能让它变得遥不可及。

我曾接诊过一个十几岁的小姑娘，她说自己从未感受过真正的快乐。她的妈妈从她记事起每天都会问她："你今天快乐吗？"问得多了，她开始疑惑：什么是快乐？我现在的感觉是快乐吗？还是可以更快乐？她对自己任何一点点不愉快的情绪都变得极为敏感，甚至将其视为自己"不够快乐"的证明。慢慢地，她陷入了一个"寻找快乐"的怪圈，越想抓住快乐，越感到失落和痛苦。

事实上，快乐是我们最基础的情感之一，是自然而然的体验。一旦对它产生执念，快乐就会失去它原本的面目，甚至变得难以触及。

快乐是一种能力，可以练习与培养

快乐并非总是喧闹的欢笑。更多时候，它是源自内心的一种宁静。我常常把它称为"会心一笑的能力"。这种能力是可以通过一些简单的练习来形成习惯的。

以下是五种容易坚持的习惯，它们能让你的生活多一些轻松和愉悦。

习惯一：换一种交通方式，发现不一样的风景

现代社会中，通勤占据了我们大量的时间。很多人习惯在地铁或公交车上埋头刷手机，却忽略了路上的风景。不妨每周抽出一天，换一种交通方式，比如步行一段路，或将地铁换成公交车。

坐在公交车靠窗的位置，放松地看窗外的车流、行人和风景，你可能会看到一朵盛开得很灿烂的花、一个有趣的广告牌，或者是一只被主人牵着的宠物狗。这些美好的瞬间虽然转瞬即逝，却能在瞬间让你会心一笑，体验到一种不经意的快乐。

习惯二：多晒太阳，在公园里发呆

发呆并不是浪费时间，而是最简单的放松方式。坐在公园的长椅上，晒着太阳，观察近处的花和远处的草，你会发现绷紧的神经不自觉地放松下来。

公园也是一个适合做"接地练习"的地方。这种练习可以帮助我们通过感官连接环境，回归当下，缓解紧张情绪。比如：

——看看周围，数出 5 种你能看到的事物，如鲜花、

流浪猫、地上的松果……

——摸摸自己，感受 4 种不同的触感，如树叶的粗糙、座椅的冰凉……

——听听声音，找出 3 种不同的声音，如鸟鸣、公园里的音乐、远处的车声。

——吸吸气味，识别 2 种不同的气味，如泥土的清香、远处餐馆的香气。

——品味食物，找一小块点心，仔细感受它的质地和味道。

这些简单的小练习，不仅可以让人回归当下，还能让人心情变得轻松。

习惯三：沉浸于专注的快乐中

专注于一项活动或者手工，可以让你进入心流状态，这是一种浑然忘我的体验。无论是插花、拼图、篆刻，还是简单的涂鸦，只要是你愿意做的，都可以成为快乐的来源。手工活动不需要复杂的工具或技巧，重点是你在做的时候能感受到"得心应手"。这种专注和成就感，能在无形中抚平焦虑，带来纯粹的快乐。

习惯四：接纳自己的平凡，不做"英雄主义者"

每个人都是芸芸众生中最普通的一员，不要给自己设定过度的条条框框，把自己当作最平凡的一个人，接受自己的渺小，允许自己偷懒，允许自己意志没那么坚定，允许自己考不了第一名，接纳自己，并告诉自己："我可以偷懒，我可以有缺点，我不需要每件事都做到完美。"允许自己偶尔失败、感到疲惫，甚至放下某些责任。把生活的重担放轻一些，你会发现快乐也会悄悄地回来了。

习惯五：帮助别人，但不做老好人

帮助别人是一件让人快乐的事情。很多人从助人中获得满足感和幸福感，甚至觉得"吃亏"也是一种值得的收获。但助人的前提是量力而行，不能勉强自己。在自己力所能及的范围内去帮助别人，同时学会拒绝不合理的要求，先照顾好自己，才能让助人的过程始终带来快乐，而不是负担。

第七章

从社交恐惧到精准拿捏人性的底层逻辑

01

与狼共舞艺术: 巧妙处理"讨厌"关系的变形术

从小到大，我们总会遇到一两个讨厌的人。也许是因为对方的言行，也许是因为曾有过矛盾。总之，一看到自己讨厌的人，心里就会烦闷、不自在，就跟眼里进了沙子一般。有些讨厌的人可能偶尔见一次，影响并不大，但有些讨厌的人可能就是自己的同事、同学或者老师，朝夕相处之下，讨厌带来的不良情绪会一直影响我们、折磨我们，甚至会让我们情绪低落、暴躁。

说到这里我突然想起我同事小石的经历。小石是一个直爽外向的女孩，从小家里条件好，说话做事习惯直来直去。另一个同事小笛，则习惯拐弯抹角地说话，有时候还会阴阳怪气几句。他俩调到一个部门没几天，就发生了好几次冲突，每次都是小石被气得火冒三丈，而小笛则一脸无辜地说："我没有那个意思呀，是她想多了吧！"这么几次之后，小石心里积攒了更大的怒火，甚至是怨气，经常跟其他同事抱怨，工作中也有不耐烦的时候，慢慢地，小石在同事中的评价有点不好了。一个老大姐看不过去，悄悄拉着她说："你跟她较劲，对你自己一点好处都没有呀，反而正中她的下怀，你总跟别人抱怨她，工作里带情绪，别人不一定觉得她有什么问题，但会觉得你这个人脾气不好，难相处。为什么要做让讨厌的人高兴的事情呢？"小石听完之后恍然大悟，是呀，我讨厌她，天天跟她较劲，把自己的精力都花在讨厌的人身上，吃亏的不是我自己吗？想明白之后，小石不再天天跟小笛针锋相对，除了必要的工作接触，基本上都无视小笛的存在，而跟其他处得来的同事说说笑笑。大家也愿意跟开朗活泼的小石相处，很快她就变成了部门的开心果，每天工作既开心又顺利。

如果你身边有让自己讨厌的人，那应该怎么相处才能最大限度地减少对自己的影响呢？从小石的遭遇中我可以帮助大家总结出以下三点。

第一点，无视

我曾经读过一句话，感觉很有道理："最可怕的不是遇到讨厌的人，而是让讨厌的人占据自己的人生。"我们在遇到讨厌的人的时候，往往第一反应是发起"攻击"，但这种处理方式常常是"伤敌一千，自损八百"，甚至敌人未伤分毫，自己损失惨重，无法从根本上解决问题。而且这种结局还会让我们陷入"讨厌对方—影响自己—更讨厌对方"的恶性循环中。

我决定
真心对自己
好一点

当我们过分在意讨厌的人时，会不自觉地把注意力过度集中在对方身上，细致到对方今天吃的什么饭、穿的什么衣服、几点上厕所、几点下班等都清清楚楚，比对"心上人"还要上心。这时你以为是在跟讨厌的人"做斗争"，实际是在折磨消耗自己。当我们为讨厌的人跳脚发怒时，对方说不定在心里暗暗窃喜："你看看你，这么沉不住气，又被我拿捏了吧"，下次他还会这么干，毕竟屡试不爽嘛。对方怀着窃喜的心情吃好喝好时，你却为这个讨厌的人辗转反侧，食不下咽，值得吗？

正如杨绛先生所言："最高级的惩罚是沉默，最矜持的报复就是无视。"当我们无视对方的时候，就是对他的最好反击。当对方的行为没有危及自身的情况下，我们需要做的就是无视，不去关注，不把时间浪费在不值得的人身上。如果对方挑衅，如果看不下去对方的所作所为，可以转身就走，尴尬的只会是对方。记住，你有转身的自由和权利！

在这里，我忽然想到了"网暴"，很多当事人面对恶意评论，就跟处理让自己讨厌的人一样，非得争个青红皂白，越在意越会深陷其中。无视它，不要掉入自证的陷阱和漩涡里。如果你很难做到无视，很难不被影响，那么关掉评论区是明智的选择。

第二点，及时发泄，避免情绪积压

负面情绪一旦产生，很容易像野草般疯狂生长，放任只会自取灭亡，此刻必须及时铲除。很多人习惯了忍耐。

当遇到讨厌的人的时候，常常为了"大局"，选择强忍，表面看起来风平浪静，但实际上内心的压力在不断累积，当积累到一定的临界点时，就会爆发出来。那么，是不是要直接跟讨厌的人对抗，让对方改变呢？并不是，人很难去改变其他人。如果把解决问题的希望寄托在其他人身上，很难真正解决问题。真正的出路往往在自己身上。所以，一定要找到正确的方法来缓解心理压力。也就是使用科学的方法释放自己的负面情绪，而不是直接与讨厌的人正面发生冲突。

有一个很实用的方法推荐给大家，叫作"空椅子技术"：

空椅子技术最早由德国心理学家弗朗茨·安东提出，主要是通过角色扮演，与想象中的某个人或情境对话，帮助我们表达内心的情感冲突，释放负面情绪。

1. 找一个房间，放置一把椅子，想象它上面坐着你所讨厌的那个人。

2. 跟椅子对话，你可以朝他喊叫、质问他、批评他，将你内心的不满、愤怒表达出来。至少椅子不会还嘴，对吧？

3. 发泄完后，做几次深呼吸，回顾所发泄的内容，思考是否可以从中得到一些启发。

小贴士：可能需要多次练习，你才能自如地释放情绪，让身心得到放松。

当然，除此之外，还有很多发泄情绪的方式。我有时候会去游戏里"打怪"，或者在脑海中想象这个人不过就是"人生游戏"中的 NPC 而已，只负责按照游戏规则输出信号而已，何必当真？

第三点，专注自我，提升自己，远离讨厌的人和环境

有的时候你讨厌一个人，不是你的错，也不是对方的错，可能仅仅是你们不合拍，或者你处在一个错误的环境中。这个环境可能与你的性格不搭，导致你不断地消耗自己，无法获得自我提升和进步的机会。这个时候我们需要做的就是不断提升自己，去寻找一个更适合自己的平台和环境。

远离讨厌的人，或恶劣的环境，除了真正意义上的远离外，还有心灵上的远离。当别人正在张牙舞爪时，我们专注于做好自己的某件事，多学一些专业技能，去跟同事、同学讨论下次工作或课程需要了解的内容，等等，专注于自身能力的提升。如果你觉得环境吵闹，换一个房间办公，出去溜达一会儿，或者盯住一处自己喜欢的地方发发呆，都能让自己从恶劣的环境中抽离。如果环境让自己觉得沉闷，不妨布置好自己那一片小天地，如摆放可爱的摆件、喜欢的画报、漂亮的绿植，等等。

只有专注自身，生活才会越来越顺。

最后，我想说的是：把时间留给重要的人！

　　生命很短暂，我们的时间和精力也是有限的。那么多美好的事、喜欢的人都没有足够的时间去体验、去爱，哪有那么多时间去讨厌别人呢？别把时间和精力浪费在那些让你讨厌的人身上。要把更多的时间花在值得的人身上。

小游戏

形象替代法

01 给讨厌的人起一个贴近形象的可爱或搞笑的名字（建议不要具有侮辱性）。

02 依据对方的名字，准备一个与名字形象相近的玩偶或图片，并在合适位置标注名称。

03 想到这个讨厌的人时，就看看这个玩偶。

04 与讨厌的人产生摩擦时，可以面对这个玩偶说出自己无法当面说出的话。

05 心情好时，再次与之对话。

面对讨厌的人时，我们往往会越看越烦，有时一冲动还可能做出不理智的事。但是有些讨厌的人我们无法避开，形象替代法就能帮助我们。如果你有讨厌的人，那就行动起来吧，时间久了，没准你和你讨厌的人还有可能成为好朋友呢！

02

社交恐惧症破茧指南:"回避型人格"的社交突围

我尝试让自己与回避型人格的人共情,去思考他们的内心世界,很明显有一点难。了解我的人都知道我并不是一个回避型人格的人,我更多时候是活泼、开朗、话多、直率的,看起来跟回避型人格完全不沾边。所以,当我跟好朋友聊共情回避型人格的话题时,她大笑了半天说:"你咋能共情呢?我比你还内向,感觉都共情不了。"你也这么觉得吗?

我个人觉得,无论什么性格,其实都会有一些时刻,处在短暂的回避型人格状态。比如受朋友邀请,参加了一个很喜欢的活动,想结交新的朋友,但是不知如何开口;有时候看到自己所喜欢的类型,想接近时却害怕被拒绝,接近时却紧张到想远离;听讲座时遇到自己敬仰的老师,想去攀谈又不敢,担心自己沟通时,说的话幼稚可笑,让老师嫌弃。就这样，像我们年少时朦胧的爱恋、暗恋过程一般，某个阶段面对特定的人、特定的情境，我们会在一定程度处于回避型人格状态。

很多人容易把回避型人格和内向型人格混淆，其实二者有着本质上的不同。可能你会发现内向的人和回避型人格的人都喜欢独处、话少，看起来腼腆、羞涩、安静。但内向的人不乐于参加活动，或者在活动中没有强烈的社交意愿，不担心是否被别人喜欢，在独处过程中感到放松和享受，他们喜欢沉浸于自己的世界。回避型人格的人则可能会因为害怕批评或拒绝而"被迫"独处，他们时而希望独处，时而希望参与其中，会在尝试和回避之间摇摆。比如他们在聚会中总觉得无所适从，想说点什么却卡在喉咙里说不出来，最后悄悄躲到角落；他们渴望靠近喜欢的人，不由自主地关注对方，但当对方想接近他时，他却会因为担心被拒绝而下意识地疏远对方。跟内向的人相比，他们其实内心更希望合群和被关注，在这种尝试和回避中拉扯。回避型人格的人不仅自己感到痛苦，有时候也会让试图靠近他们的人感到无所适从。

在此，我想提醒的是，回避型人格不是回避型人格障碍，这是一种性格倾向和心理疾病的区别。如果回避型人格长期得不到调整，或者程度严重者，很有可能会导致回避型人格障碍的形成。

在日常生活中，存在回避型人格的人不在少数。那么，回避型人格的人都有什么特点呢？

第一，害怕被批评或拒绝

　　回避型人格的人总是过度在意别人的看法和评价，哪怕是一点点的不和谐或负面评价都会让他们手足无措。因为害怕再次出错，他们逐渐开始尝试拒绝，比如拒绝在工作中承担重要角色，或者在人际交往中完全处于被动状态。

第二，渴望亲密但又害怕靠近

　　回避型人格的人并非不需要爱，相反他们非常渴望爱，渴望亲密，渴望被理解和接纳。但是他们并不知道如何向喜欢的人表达自己，不知道如何建立一段亲密关系。有的人则是害怕亲密关系中的矛盾和伤害，干脆就封闭自己，将一切拒之于心门之外，认为这样就不会受到伤害。

第三，过低的自我评价

　　不论是社交场所的担忧、恐惧，抑或是亲密关系中的纠结、退缩，往往都源于过低的自我评价。他们常常认为真实的自己不够好，不值得被爱，习惯了用厚厚的面具伪装自己，害怕袒露自己的真实想法，习惯性地自我批评，遇到问题的第一反应是"我太没用了，又把事情搞砸了"。

第四，回避新环境和新挑战

　　回避型人格的人往往拒绝改变，只有在熟悉的环境中他们才会感到安心。如果让他独自一人去陌生的环境，他可能会一直担忧、焦虑，甚至预设很多消极的场景。比如最常见的一种情况就是，还没有上台演讲，先想象自己"在演讲的时候突然忘词，大脑一片空白"，有时候甚至连他们自己也不知道自己到底在焦虑什么，总是紧张、彷徨、坐立不安，拒绝去陌生的环境。

如果你发现自己有上面这些特点，不要着急，首先要做的是：抱抱一直以来经受这些难过、痛苦和纠结的你。我希望你明确地知道，拥有回避型人格并不是你的错，它的形成有各种各样的原因：可能是从小爸爸妈妈对你的要求过高，在你失败的时候表现得过于严厉，甚至是在无意识中对你表现出羞辱态度；也可能是在学校里，当你并不擅长学习的时候，遭受了很多负面的评价；还有就是由于你的神经系统对压力和焦虑极为敏感（这个特点本应该帮你成为一个温柔细致、善于共情的人）。但如果小的时候没有人引导，这种敏感会让小小的你感到手足无措，为了保护自己，你不得不变得退缩。所以，你要明白回避型人格并不可怕，我们知道它可能形成的原因，就可以探索一些有效的策略，帮助我们逐步打破回避型人格在社交中的困境，走向更加自信和舒适的社交生活。

第一，要自我接纳，允许自己不完美

你是不是总觉得自己做什么都不够好，遇到一点小挫折就责怪自己"我真没用"？这正是回避型人格常见的问题——我们总是喜欢给自己找借口，觉得一旦出错就会被别人否定。对于回避型人格的人来说，自我苛责是一个常见的问题。他们可能预设了很多困难，以一种紧绷的心态去与人交往，一且交往中出现一点点失误，就仿佛验证了他们的预设"我果然不行，这点小事都做不好"。他们可能会反复回想当时出错的场景，甚至为此羞愧不已，但其实人人都有犯错的时候。因此，要改变这一点，就要接纳自己的不完美。试着对自己说："没关系，每个人都会有失误，错了就改，生活本来就不完美。"慢慢地，你会发现，当你开始宽容地对待自己的不足时，那种害怕失败的心情也会慢慢减少，在与人交流时会感觉轻松不少。另外，试着将注意力放在自己做好的小事上，每天夸奖自己："这件事情我做得不错，给自己一个大大的赞"。想到一件自己之前觉得没做好的事情时，安慰一下当时的自己："偶尔做不好也没关系，有点缺点才更真实嘛"。

第二，设定小目标，逐步挑战自己，增强自信

如果你觉得在大场合中完全放开自己太难，我们可以先从小范围的社交练习开始。选择熟悉的朋友或家人，尝试更多地主动沟通。

我们可以试着：

——每周主动联系一个朋友，问候或分享一件小事。
——在日常生活中，比如在咖啡店点单时，试着多问一句："您有什么推荐吗？"

这些小小的举动看似不起眼，却可以帮助你逐步增强面对他人的信心，积累社交自信。慢慢地，你会发现，原来自己比想象中更能适应与人打交道。

第三，换个角度，试着把注意力从自己身上转移开

很多时候，我们在社交中会不自觉地陷入自我监视，时不时脑海中会出现"我是不是说得不够好？""他们会不会觉得我很尴尬？"回避型人格的人在社交中更容易陷入这种"自我监视"的模式中，且难以摆脱，比如不停地想"我刚才说的话会不会不合适？""他们是不是觉得我很无趣？"或者"我今天的穿着得体吗？"这时我们的注意力会过度投放在自己身上。这种过度关注自我表现的行为不仅不会让自己表现得更好，反而会加重自己的焦虑，使原本可以自然而然的举动受到过度干扰而显得无所适从。

当我们遇到此类情况时，不妨试着将注意力从自己身上转移到对方身上。多问对方一些问题，比如"最近忙什么呢？""有什么有趣的活动说来听听？""听说你升职加薪啦？恭喜你！"或者讨论一下天气、环境等。如果你正在参加会议，那么你可以与周围人聊聊会场的布置、参加会议的人员等。当我们真正去关注对方，或者关注周围的环境时，心中的焦点已经从"我表现得如何"转移到"对方和环境"上，这时你会发现自己的紧张情绪逐渐缓解，也更容易进入轻松自然的对话状态。

第四，接受被拒绝，习惯就好，这只是成长的一部分

说实话，害怕被拒绝是很多回避型人格的人心中的痛。但其实，被拒绝是每个人在社交中都会经历的事情，不是针对你个人，也并不代表你不好，更多时候是对方的原因。换

个角度来考虑，如果晚上有其他重要安排，但是有朋友邀请你，你会不会拒绝这个邀请呢？又如最近工作比较累想回家休息，是不是也会拒绝一些应酬呢？所以别人拒绝你肯定也有他自己的原因。再说，就算对方是因为不想跟你一起吃饭而拒绝你的邀约，那又怎么样呢？每一次的拒绝，其实都是一次学习的机会，让你了解如何更好地表达自己，也让你变得更加坚韧，也更加不害怕下一次的尝试。试着把每一次拒绝都当作成长的契机，甚至可以奖励一下自己，因为你已经勇敢地迈出了尝试的第一步。

回避型人格并不是一座无法逾越的大山，它只是需要一些耐心和技巧来应对。从接纳自己到设定小目标，从关注他人到学会接受拒绝，每一步努力都让你更接近那个更自信的自己。社交突破的过程可能不会一帆风顺，但每一个小小的进步都值得庆祝。给自己设定一些小奖励，比如完成一次社交挑战后，犒赏自己一杯美味的饮品，或一件自己喜欢的礼物，再或者看一部期待已久的电影。这样正向的反馈，会不断增强你的信心，让自己更乐于去面对和克服那些看似不可逾越的社交难题。

记住，最重要的是，社交并不意味着你必须取悦每一个人，而是通过社交的过程，找到那些愿意和你分享的人。所以，即便有时遭遇拒绝或尴尬，也不要轻易放弃，那些和自己投契的人，正在等着你去认识他们呢！

03

善意防护修炼手册：受助者恶意防范与应对策略

《东郭先生和狼》的故事，我想大家应该都不陌生。小时候只是觉得狼太坏了，恩将仇报。但长大后发现，有时候我们帮助一个本性不坏的人，也会遭到恶意谩骂，甚至恶意报复。帮助一个人，对方不仅不感恩，反而对帮助他的人产生怨恨，这听起来似乎不合常理，但在现实生活中却屡见不鲜。这种"反常识"的现象叫作"受助者恶意"，是一种心理学效应。

这个效应听起来似乎有些拗口，不好理解，但"升米恩，斗米仇""大恩如大仇"的俗语相信大家都听过吧！很多时候我们付出善意，帮助别人之后，收获的不是感激，而是怨恨和抵触。比如，在路边扶起一位倒地的老人，结果被诬陷为"肇事者"；超市制止插队的人，结果反被埋怨"多管闲事"；借钱给好友帮他渡过难关，结果事后好友不认账，甚至恶语相向；热心辅导同事解决工作中的卡点，最后却被指责"显摆能力"。

为什么帮助别人反而会招来仇恨呢？为什么善意会被曲解，最终被"反咬一口"呢？其实"升米恩，斗米仇"，在一定程度上已经说明了原因：过度地、无边界地帮助别人时，可能会引来受助者的恶意，甚至敌意。背后深层次的原因到底是什么呢？我接下来进行逐一分析。

一是，自尊受损

这是受助者恶意出现的最表面的原因。人人都有自尊，且自尊是人类本能的追求。而受助者在接受帮助时，可能会清晰地意识到自己的"无能"或"弱小"，而感到自尊心受到伤害。自尊心过强的人可能会把别人对自己的帮助行为视作"施舍"，从而产生羞耻感并对施助者产生敌意。这种人宁愿自己吃苦，自己跪在地上挣扎着去生活，也不愿意放下自尊去寻求他人帮助。我们不能说这种想法是错误的，因为这是人的本能需求，有的时候正是这种不认输的执拗和自我实现的需要，转化成为动力帮助他们从苦难的泥潭中挣扎出来。但有的时候"过刚易折"，求助是一种能力，当靠自己很难解决问题的时候，及时向周围的人求助能帮助你走得更远。

二是，依赖转化为贪婪

过多的帮助会增加受助者的依赖心理。试想总有人在你需要的时候提供帮助，甚至在你没有主动求助的时候也伸出援手，那你还会靠自己努力吗？人都有惰性，一旦习惯了别人的帮助，很容易就变懒，懒得动手，懒得动脑，懒得努力，慢慢地，人的主动性就没有了，开始把别人的帮助当成理所当然，一旦提供帮助的人减少帮助，或满足不了他的需要，很容易就会对施助者产生怨恨。比如电影《消失的她》里所讲述的，李木子帮助何非偿还巨额赌债，还给他提供优渥的生活条件，在发现何非继续赌博后，她提出离婚还准备了巨额财产补偿给对方，可以说对他已仁至义尽，但何非不但不感激，反而产生了杀妻夺财的念头。当帮助和善意没有底线，又不需要任何回报时，对方就有可能由依赖变为贪婪，对提供帮助的人产生恶意。

三是，心理失衡

社会心理学中有一个社会交换理论。这个理论认为，帮助行为隐含互惠期待。当人们接受帮助时，潜意识里会产生一种欠债感。如果人们发现自己无法履行回报义务，就会产生巨大的心理压力，这种压力就像心里压了块石头。为了摆脱这种不适，大脑会启动自我保护机制——通过贬低施助者，或否认别人的善意来缓解内心的道德负担，从而合理化自身无法回报的愧疚，重新获得心理平衡。比如，邻居王阿姨总给独居老人送饭菜，老人却开始在小区散布"她家剩饭太多才施舍"的谣言。这种行为看似荒谬，实际上是老人通过贬低施助者来维护自尊的典型表现。这种情况容易在施助者提供过多帮助的时候出现。

四是，关系的扭曲

不管有意还是无意，提供帮助的人和被帮助的人之间天然存在"权利差异"。被帮助的人心里容易产生双方在地位、心理等方面不对等的感觉，自觉身处被俯视的下位，提供帮助的人处于赏赐的上位。如果这种关系持续比较长的时间，提供帮助的人长期处于高位，那么二者之间显然难以维持平等的关系，被帮助者会因压抑而产生负面情绪，最终可能通过一些攻击性行为，如指责、谩骂、报复等来实现心理的平衡。比如"他做这些事儿就是为了沽名钓誉""他做这些事儿就是为了自己的心理平衡""他这样做只是为了让大家觉得他自己是个大善人"等等。很多小说和电视剧中所演绎的"凤凰男"和"白富美"的婚姻悲剧都是由于心理失衡所导致的。

五是，社会文化的影响

在我们传统的社会文化中，接受帮助容易被视为软弱或失败的表现。尤其是男性从小被教育要"流血流汗不流泪""要当男子汉"，等等，导致接受帮助的人会因为社会评价压力而产生羞耻感，进而将负面情绪投射到提供帮助的人身上。

那么，我们在助人的时候，应该怎么做才能避免受助者恶意的产生呢？

首先，要留有余地，避免拯救者思维

不要试图拯救任何人。很多时候，我们之所以活得辛苦，就是陷入了一种拯救者的思维。你有没有过这样的经历：看到父母省吃俭用，你苦口婆心，想让他们对自己好一点；看见朋友没有上进心，你天天给他发励志文章，激励他上进；你把周围的人都划到自己的圈里，认为是自己的责任，总是想象自己救别人于水火，让对方免受生活的苦楚。可到头来，你却发现跟对方越走越远……帮助他人并非总是顺理成章的好事，尤其是当别人并未开口请求帮助时，我们的主动出击有时反而可能引发对方的不悦或误解。很多人并不喜欢欠别人人情，更不愿意承认自己处于弱势地位。

其次，要先充实自己，再去帮助他人

春秋时期卫国的国君残暴专横，孔子的弟子颜回说："我听说卫国的国君不重视国家的治理，不在乎百姓的性命。我想前往卫国，用老师的教导去教化他，您觉得怎么样呢？"孔子一听，立即让他打消这个念头，并劝道："先存诸己，而后存诸人。"在现实生活中，我们经常忽略自身存在的不足，而充当强大者去帮助他人，有时候可能是性格使然驱使我们去教育他人，试图纠正他人的错误；有时候可能是心太软，总想帮助他人走出困境，但在帮助他人之前，我们应该先对自己有充分的了解和认识，明白自己的优势和不足，在此基础上再去选择合适的方式帮助别人。当然，我们要学会尊重每个人的成长节奏，不能强行去改变他人的成长轨迹。

最后，要掌握一些帮助人的小技巧

帮人也是一门学问，盲目地去帮助别人，可能会"好心办坏事"，甚至给自己招来不必要的恶意。因此在帮助人的过程中，我们要避免使用标签化语言，比如"可怜""不幸"，等等，可以试着用一些合作的语言，比如"我们一起想办法""只要我们互相配合好，一切困难都不是问题"等。这样既能减少对对方自尊的威胁，也有助于对方自我的成长。在帮助别人前，要谨慎判断对方的需要。如果对方没有开口请求，最好不要急于出手，避免给对方带来不必要的心理压力，让其产生反感。另外，在帮助人的过程中，要避免大包大揽，就像心理咨询的原则一样——助人自助，授人以鱼，不如授人以渔，在帮助的过程中引导对方"立"起来，靠自己去战胜困难，这才是我们助人的真正目的。

受助者恶意的本质是人性对平等与尊严的本能追求，很多时候与道德无关。我们在帮助人的过程中，多多释放"有边界的善意"，提供"赋能式帮助"，就可以减少负面效应，使善意真正成为促进双方成长的桥梁。

小测试

如何判断受助者是否存在恶意？

01 是否言行不一：有些受助者口头上表示感谢，但是感觉不真诚，或行为上显得不想接受帮助。

02 注意情绪变化：有些受助者在被帮助时情绪激动，表现出愤怒、不满等。

03 观察人际互动：有些受助者在与他人交往时表现出不友好，常表现出攻击性和敌意。

04 了解受助者性格：如果受助者是个死要面子的人，那么很有可能会因为感到丢脸或自卑，而产生恶意。

05 无条件索取：有些受助者一遇到困难就前来求助，在他们看来你帮助他们是理所当然的。

 如果受助者存在以上表现，那我们要考虑受助者恶意出现的可能。

温馨提示：每个人的成长经历都是独特的，很多因素会影响人们的表现，不是所有的恶意都是真的，切不可以偏概全，还是需要全面了解，再采取合适的方法或策略应对。不管何种恶意，帮助他人的前提是明确边界，这个一定要记住哦！

04

社交"红绿灯"：与消耗自己的人断舍离

　　精神内耗，这个词大家一定很熟悉，我在前面已经提到过好几次。这几年也成为最为流行的网络热词之一。在《反内耗》这本书里，精神内耗被定义为：由于个人主义偏差、思维困扰、感受与理智冲突所导致的身心内部持续的自我战斗现象。从定义来看，精神内耗与个人性格关系更大，高敏感、讨好型、完美主义和自卑的人更容易陷入消极的情绪拉扯中，但有时候，精神内耗不一定完全是性格的"锅"，还和不健康的人际关系有关。

　　我常常将不健康的人际关系称为"心灵的慢性毒药"，它看似不会马上对人造成太多伤害，但时间久了，会让我们的心理变得消极、烦躁，不断内耗自己。

　　精神内耗型的人际互动像一场隐秘的情绪马拉松：对

方未必恶语相向，但习惯性否定、情感绑架、隐性打压、过度索取等行为，会让你不断自我怀疑、愤怒压抑或过度妥协。如果长期处在这种关系中，你可能会陷入一种慢性消耗的状态，每天明明什么都没做，却感觉疲惫不堪。

因此，远离这种关系，远离让我们精神内耗的人，是我们减轻内耗的必要措施。

那么，要远离这种关系，首先我们要明确哪些类型容易给自己带来精神内耗。

第一种，"黑洞型"

把我们当作情绪的黑洞，永远在诉说自己的不容易，却在你遇到困扰和难题的时候敷衍回应，经常用"你这算什么，我当年……"来回应你的诉说。

第二种，"操控型"

这些人习惯把自己的选择失误归结到你身上。比如，有的丈夫会让妻子为自己的失败"买单"："我都是为了你好，我容易吗？""要不是因为你，我早就升职了"等。

第三种，"阴阳型"

表面上对你夸奖，实际是贬低，否定你的努力，却又提不出实际的解决建议。比如，说"你的设计挺有意思的，虽然别人可能看不懂""你真是挺辛苦的，虽然孩子的成绩还是没上去"。

第四种，"扭曲事实型"

通过扭曲事实，让你怀疑自己。比如，说"我从来没说过这话，是你太敏感了""你看你又开始大呼小叫了吧，情绪怎么这么不稳定呢！"

第五种，"制造焦虑型"

有一类人，喜欢通过比较给对方制造焦虑。比如，在聊天时说"你怎么才考98分啊，王芳都考了100分！""你怎么才发表了三篇文章啊，人家小谢写了十几篇呢""你家孩子就是个本科啊，老牛家的孩子都考上博士了"，等等。

如果我们本身就是敏感、内向、缺乏自信或安全感的人，遇到这些人，听到这些话，更容易陷入精神内耗中。此时需要注意周围有没有这种总是带来负能量的人际关系。我们可以通过身体的感受来识别这段人际关系是否给自己带来了更多的焦虑和压力，比如，经常头痛、胃痛、失眠、暴饮暴食，或者情绪上烦躁易怒，莫名地委屈，对什么都提不起兴趣，等等。

当我们识别出那些让我们精神内耗的人或关系之后，要怎样减少他们对我们的影响呢？

我决定
真心对自己
好一点

第一，最简单的方法——物理隔离

前提是我们要知道，减少接触不等于绝交。容易内耗的人通常内心柔软善良，害怕给别人造成伤害或者带来麻烦，只有自己的状态好了，身心愉悦舒适了，才能有更多积极的力量去照顾和关爱我们所爱的人。所以即便是家人或朋友总是唠唠叨叨，抱怨很多，经常向你投掷"情绪炸弹"，我们也要懂得适当的物理隔离。比如，把家庭群聊或者电话设为免打扰，然后自己设定一个"回复时间"，这样就可以避免被负面"情绪炸弹"随时袭击而产生焦虑，也避免让自己总是处在惶恐的状态中。

在工作环境中也是如此，把自己从"救火专业户"变成"定时灭火器"。告诉那些时不时叫你帮忙的同事："我每天下午 3~4 点可以讨论问题，其他时间要专注处理项目。"

第二，学会转移话题，给"内耗人"装上"红绿灯"

我们在人际关系中常常会遇到很多话题，有些话题很有趣、很积极，有些话题则会让你感觉很不舒服。我们可以根据"内耗人"带来的影响分为红灯、黄灯和绿灯等话题。

遇到红灯话题，立刻启动转移功能。比如，亲戚问你的工资情况，你可以模糊回答后，反客为主："够养活我自己啦，姨妈您的广场舞最近排新节目了吗？"遭遇小伙伴催婚时，跟她说："我嘛，顺其自然吧。你怎样了？有什么新情况吗？"

遇到黄灯问题，可以有效地回应一下。比如，同事抱怨领导管理严格、强势，我们可以尝试回应："这样压力确实挺大的，以后你打算怎么做呢？"好朋友向你吐槽家庭关系时，你可以这样回应："家家都有本难念的经，有时候确实容易起冲突，有时间的话去做做按摩放松一下，你觉得怎么样？"适度回应，然后把难题推回到对方身上，不要让别人的问题困扰到你。

当然我们跟同事、亲人相处的时候，绿灯时刻更多。这时，我们通常可以放松心情，畅所欲言。如果巧妙运用"积极肯定"+"加深交流"，这样对话可能会朝着积极的方向发展。比如，"你上次推荐的课程，对我的帮助很大""你上次跟我说的话，让我有种豁然开朗的感觉"，等等。

通过这种方式，我们可以对人际关系有一个清晰的梳理，在这种梳理下，那些让你精神内耗的人会无所遁形。

第三，要破除"好人诅咒"

曾经有心理学家做过一项实验，不同的人在面对不合理的请求时的反应。实验发现：从小被教导"要让所有人喜欢"的参与者，面对不合理请求时的妥协率高达73%。内耗的人也很容易被"要让所有人喜欢"这个"好人诅咒"所裹挟。当别人的要求和自己的内心发生冲突时，他们既想遵循自己内心的真实想法，又受制于"讨人喜欢"这个外在要求，从而让自己陷入纠结，开始内耗。

没有人能让所有人喜欢，"是不是讨人喜欢"也不是影响人际关系的根本原因。"别人是否喜欢你"与"你是不是对他百依百顺"没有必然关系。真正的喜欢，一定是建立在你个人魅力基础上的。让别人真正喜欢你的第一步，就是自己喜欢自己。

还有就是，拒绝和被拒绝是我们从小到大都在经历的事情。比如，小的时候我们想要吃更多的糖果而被拒绝，长大后找工作的时候被拒绝。拒绝是人际关系的组成部分。在一开始建立关系的时候，就试着拒绝不合理的要求，这样的关系才是健康的、可持续的。如果总是通过一方的委曲求全来维持关系，那这种关系必然难以长久。所以，我们在人际交往中要勇于表达，敢于拒绝。如果有人因为你合理的拒绝而对你冷言相向，或者和你闹脾气，那么相信我，快逃，这必然会是一段让你精神内耗的关系。

永远记住，远离让你内耗的人不是冷漠，而是把能量留给值得的人。所有健康的关系都建立在"我很好，你也不差"的平衡之上；"对别人好"的前提是"一定先对自己好！"

第八章

开启给你的灵魂充电的睡眠魔法

01

深夜清醒症：打工人必备的睡眠修复能量站

　　总有那么一晚，你躺在床上，眼睛瞪得老大，脑子里就像放电影一样停不下来：明天要做什么？今天做了什么？上了几次厕所？吃了几顿饭？考试成绩咋样？毫无头绪的画面，不停地闪现，怎么也睡不着，毫无疑问是失眠了。

　　调查研究显示，现在失眠的人越来越多了。记得小时候，周围的人都是早睡早起，很少听说有谁失眠。可现在，一聊天就能听到"哎，我昨晚失眠了""我这两天睡得不好""昨晚半夜醒了，怎么都睡不着"等有关睡眠的话题。

　　睡眠一直是我们的生活话题之一，从出生到死亡，人的一生有1/3左右的时间在睡眠中度过，睡眠是我们生存的基本需求。从古至今，睡眠一直是人们非常重视的事情，一旦睡不好，很多问题会接踵而至。然而，有意思的是，我们越需要睡眠，越容易失眠。

这到底是为什么呢？门诊患者常说的是："我这么年轻怎么会失眠呢？""我的身体无病无痛，为什么会失眠？""我的睡眠一直都挺好，怎么突然睡不着了呢？"……

很多时候睡不着跟身体疾病无关，而是心理因素及不良习惯引起的。下面我详细地为大家分析一下。

1. 压力过大，过度劳累

现在的生活节奏比起以往要快很多，尤其是随着城镇化速度的加快，每个人都好像上了弦似的紧绷，快速向前，根本停不下来。前几天我接诊的患者小芩说，她一回到老家失眠就好了。回家那一刻，好像身上突然就轻松了，每晚都睡得很香。可是一回到北京，她觉得自己头上好像多了个罩子，沉重、烦闷。其实她不适应北京的生活节奏，但是摆脱不掉，停不下来，为了家庭、为了孩子，不得不苦苦挣扎，继续坚持。

许多人都如小芩一样，高强度地工作，家庭的经济负担、子女的教育、亲情的维系以及各种突发状况，让他们无法停下来，也不敢停下来，枕戈待旦，好像随时准备战斗的战士。即便遇到天大的困难也只能硬撑着，导致身体过度疲劳紧绷，躺在床上也无法放松，难以入睡。

2. 情绪困扰，冲突太多

心理压力过大时，我们的情绪容易变得烦躁不安，出现焦虑、担忧、沮丧等症状。这些负面情绪白天让我们身心紧张，而夜晚则会干扰我们的睡眠。比如，当你感到紧张、焦虑时，睡前会胡思乱想、反复思考已发生过的事、担忧未发生的事，大脑处于过度活跃状态，无法停下来，不能安静入睡。

有些时候，工作压力不大，家庭没有负担，但是偶然的争吵、摩擦，突发的意外，也会导致失眠。比如，夫妻无意间的拌嘴、辅导孩子时的争论，路上开车时不小心的剐蹭，还有同事关系出现了矛盾，等等。这些偶然突发的事件也会引起情绪困扰，使得我们无法在夜晚得到应有的放松。

有些人因为偶尔一次难以入睡，会担心第二天也睡不好，如果这种担忧在第二天被验证，那么会逐渐形成一种恶性循环。每当晚上临近睡觉时，开始产生"今晚会不会也失眠"的焦虑感，心情变得更紧张，这样一来，偶尔失眠就成为真正的、长期的失眠了。

3. 不良作息习惯

说到不良作息习惯，现在大部分人应该不再保持早睡早起的作息习惯了，取而代之的是不按时吃饭、不出门活动，更不运动健身，睡前玩手机、整夜开灯、睡得太晚、第二天赖床不起。说到这儿，我想问一下：有谁睡前不玩手机吗？估计很稀有。大家知道吗？手机蓝光会抑制褪黑素的分泌，会让我们越玩越清醒。可能很多人知道这个事情，可即便知道还是难以控制地玩手机。这些不良习惯就是我们失眠最常见的因素之一。

4. 对睡眠的完美要求

有些人存在追求完美的倾向，如果把这种倾向转向睡眠，很容易因为对完美的追求，进而影响到睡眠的心态。比如，对入睡时间、睡眠时长、睡眠质量、起床时间等有完美要求的时候，如果达不到完美要求的标准，很容易引发对睡眠的关注及焦虑，导致过度纠正睡眠，甚至刻板地追求各种细节，以求实现完美的睡眠，反而陷入了失眠的恶性循环中。

现在大家知道了导致失眠的成因多种多样，那么，接下来我们就要对症下药进行调适，让我们告别失眠，睡个踏实觉。

1. 面对偶尔的失眠，随它去吧

如果仅是偶然的一次失眠，不要在意，随它去是最好的处理方式，告诉自己"仅仅是一次失眠而已，没什么大不了的"。不要在脑海中反复重现失眠的场景，也不要去想今晚睡眠会怎样，跟平时一样该做什么做什么，白天精力被消耗，夜间困了自然就睡了。

2. 不给睡眠规定太多

睡眠是一件顺其自然的事，虽然睡眠节律相对固定，但并非一成不变，入睡时间并不是过了某个时间点就一定视为失眠。在面对睡眠这件事上，无须告知自己必须在晚上 10 点准时睡，有个大概的时间范围即可。睡眠时间也不必要求必须几个小时，而是在某一时间段内即可，比如 6~9 个小时是没有问题的。有些人还希望自己睡着之后不要做梦，这个可不好控制哦，梦是睡眠的一部分，接受适当的梦境，对睡眠的焦虑感能减轻很多。

当然规定不能太多，但也不能没有规定，相对固定的习惯有助于维持良好的睡眠。合理饮食、按时作息、适度运动，这些千万不能忘记哦！

3. 不带着冲突入睡

我记得前几天诊室来了一对年轻夫妻，他们表示近期睡眠有些问题，细问之后，我才明白是因为两人在睡前经常发生争吵，而且最终没有解决问题，彼此带着不愉快的情绪入睡了。两个人都表示入睡太慢，睡眠质量差。如果入睡之前没有争吵，基本都有不错的睡眠质量。我问他们：为什么非要在睡前讨论一件两个人无法达成一致的事情呢？为什么不讨论一些有意思的事情，给予对方积极的反馈和回应呢？无法达成一致意见的事情留到白天进行讨论不好吗？他们恍然大悟，回去后改变了睡前聊天的内容，开始讨论一些有趣的电视剧情节，分享工作中遇到的好玩的事情，不过度强调对方的态度和观点，而是单纯地聊天。没过多久，我从这对年轻夫妻这里得到了正向的反馈，他们的睡眠质量越来越好了。

如果冲突已经形成，心里不舒服的一方一定要说出冲突给自己带来了不好的感受，这个很重要。因为有的人不知道这个不经意的冲突会给对方带来如此大的伤害，不必纠结对错，双方应该和解，互道晚安。

4. 睡前做放松活动

在忙碌的一天结束后，睡前的放松活动可以有效帮助你缓解身体的疲劳，帮助大脑放空，准备进入安稳的睡眠状态。无论是通过物理放松方法、意念放松法，还是反向思维法，都能有效提高你的睡眠质量。

以物理的方式调理能够缓解紧张感，放松身心，进而快速进入睡眠状态。我们可以试试以下几种方法。

泡脚。泡脚是一种非常简单有效的放松方式。尤其在寒冷的晚上，温暖的水能促进血液循环，放松脚部的肌肉，从而减轻身体的疲劳感。一般泡脚时间在 15~20 分钟，水温一般保持在 40℃ 左右就可以，但不宜超过 45℃。当然，如果腿部有破溃、静脉曲张或其他血管疾病者通常不适合泡脚。

按摩。可以尝试给自己做一些简单的按摩。比如，按摩头部、肩膀、脖子、手腕和脚部。可以选择檀木梳、气垫梳等轻柔按压头部，并自上而下梳头，重复多次；然后按摩眼部，其实小时候常被我们忽视的眼保健操就是很好的放松方式，睡前不妨练一练；再按揉一下面部，就能很好地放松面部了；接下来还可按揉肩膀、脖子、手部、腿部等，适当的按摩可以放松肌肉，减轻紧张感。

热水澡。睡前洗个热水澡，不仅感觉浑身清爽，好像洗掉了一整天的疲劳似的，身心放松，而且洗完热水澡后身体表面温度自然降低，还有助于快速入睡。

另外，还有一些我亲测有效的、有助于睡眠的两种小方法，我分享给大家，具体情况如下。

意念放松法：这种放松法也可以称为"造梦"或"白日梦"入睡法，通过想象一些美好、放松的情景，帮你平复情绪，引导你入睡。

我喜欢这种入睡法。可以选择一个喜欢的人物形象，想象自己与某个喜欢的人物在一起，可以是生活中的朋友，也可以是影视剧、书籍中的角色。设想自己与他们一起经历故事中的情节，或者享受某刻轻松的时光，想得越细致越好，心情放松，睡眠也就顺其自然地到来了。

或者想象一个美丽的场景。比如，躺在海滩上，听着海浪拍打沙滩的声音，感受海风的吹拂；或者置身于森林里，空气清新，鸟语花香；你也可以想象自己置身于一个温暖的咖啡馆里，闻着新鲜研磨的咖啡香气，听着轻柔的音乐，感受属于自己的宁静时刻。细节越丰富越能帮助我们脱离现实，进入放松的状态。

通过这种想象，我们可以让自己暂时远离城市的喧嚣，远离工作压力和与他人之间产生矛盾的烦恼，带着美好的画面不知不觉地进入梦乡。

反向思维法：有时候，我们想着美好的画面，心潮澎湃，反而越想睡越睡不着了，这是因为想睡觉的欲望过强而产生压力，导致身心紧张更难以入睡。躺在床上睡不着，但是我们在沙发上看电视时却总是控制不住打瞌睡，这其实就是反向的力量。在沙发上我们并不认为自己应该睡觉，没有给自己的睡眠带来压力，反而睡着了。所以，我们正好可以利用这一点，尝试这种有趣的反向思维法，当睡不着的时候，告诉自己："今晚我就是不睡觉，看我能撑多久！"这种方式通常能让我们的心态更加放松，在不知不觉中睡着了。

这些放松方法，无论是物理的，还是心理的，能够帮助你舒缓一整天的疲惫，让你进入一个安静、舒适的睡眠状态。通过逐步练习，你会发现自己不仅能够更容易地入睡，而且睡得更加安稳，早晨醒来时，也会觉得精神更加饱满。

失眠虽然让人头疼，但它并不是不可战胜的。理解了失眠的原因，对症下药，我们完全可以重新找回甜美的睡眠。

而且通过有意识的、逐步的练习，你会发现自己不仅能够更容易入睡，而且睡得更加安稳踏实。记住，睡眠是身体和心灵的"充电器"，好好对待它，才能拥有健康、快乐的生活！

02

高效睡眠：打造深度睡眠的心理疗法

南怀瑾先生说过："养身三大事，一睡眠，二便利，三饮食。"

我们想要身体好的头等大事就是睡眠，优质的睡眠能够提升免疫力、增强大脑功能、保持情绪稳定、提高工作效率。而我们要实现良好的睡眠质量，就需要从调整作息时间、优化睡眠环境、合理饮食、保持适度运动、放松身心等多方面入手。

1. 根据睡眠周期调整作息

人的睡眠是由多个 90 分钟的睡眠周期组成的。如果我们能够在一个完整的周期后醒来，通常会感觉精力充沛。如若在一个睡眠周期中间醒来，可能会存在疲劳，睡得不踏实的情况。那么，如何调整自己的睡眠状态才能睡得更好呢？我们来计算一下：

如果计划在晚上 10:30 入睡，那么你应该算好起床时间，比如在早上 6:00 起床，这样的睡眠周期（7.5 个小时，5 个周期）会让你醒来时感觉清爽。如果有时不小心错过了理想的起床时间，依然可以根据 1.5 个小时的周期来调节，如睡到早上 7:30，达到下一个周期的完整睡眠。

如果第二天有事，需要在某个时间醒来，那我们这样算：比如要在早上 6:30 起床，想睡足 7.5 个小时的话，那么根据睡眠周期，需要在晚上 11:00 入睡。这样能够保证 5 个完整的睡眠周期。

临时调整的情况：如果深夜才回家，还是可以根据周期的整倍数进行调整，比如半夜 1 点回家，那么可以选择在夜里 2 点入睡，确保睡足 3 个周期。

通过这种方式，规律作息和与睡眠周期匹配的作息时间能帮助提升睡眠质量。

2. 适度小睡

小睡分为午间小睡和黄昏小睡。小睡在维护睡眠的过程中起着重要作用，恰当的小睡不仅有助于缓解工作的疲劳，还有助于提高下一阶段的工作效率。但是过度小睡会影响工作以及夜间睡眠，因此小睡需要将时间控制在合理的范围内，既能有效休息，又不能因小睡影响其他活动，这就要求我们对小睡时间有一个科学合理的把控。

怎样充分利用好小睡时间呢？

① 有午间小睡习惯者，可以选择午间休息时间进行 30 分钟左右的小睡，能够有效缓解疲劳而不至于进入深度睡眠，难以唤醒，这样既保证了休息，又避免了对下午工作的影响。如果时间允许的话，可以睡足 1.5 个小时，保证一个睡眠周期的时间，这样能让自身得到极大的调整。

② 无午睡习惯者，可选择闭目卧床或以舒适姿势休息，睡着睡不着都可以，可以听一些舒缓的音乐，充分进入放松状态，身心放松对缓解疲劳很有帮助。喜欢活动的人，可以在休息时间出门散步或运动，要避开严寒和酷暑。

③ 黄昏小睡多半出现在晚上 5:00~7:00，时间不宜过长，30 分钟就足够了，这样既能放松、缓解疲劳，又不会影响到夜间睡眠。同午间小睡一样，没有这个习惯的人，可以做一些放松运动来缓解疲劳。

3. 生活习惯及睡前准备

① 注意控制饮食，保持排便通畅：过饱、过饥都会影响睡眠，一日三餐定时、适量；定期排便，保持二便通畅；晚饭不宜吃太多，睡前两小时尽量减少进食、饮水，排空膀胱。

②适度运动和放松：适度运动可以消耗我们多余的精力，帮助我们入睡，进入更深的睡眠阶段。白天我们可以选择早晨跑步、下午健身或者做瑜伽、中医养生功法（松静功）等放松的活动。此外，冥想、看书、听舒缓音乐、泡热水澡等也有利于进入睡眠状态。

③减少电子设备的使用：睡前逐渐减少电子设备的使用，如电视、手机、平板电脑等，以减少光刺激。不可避免使用时，建议打开夜间模式。

④睡前事情处理：有些时候，我们因为白天的事情或第二天将要做的事情，会出现焦虑的情绪，可坐下来将事情一一罗列在一张纸上，明确已做的和明天才会面临的事情，能让自己轻松入睡。

⑤温度与光线：卧室温度不宜过高，尽量比客厅或其他休息室温度低一点，以适应夜间休息时体温降低的情况。避免光线刺激，如喜欢开灯入睡，可选择柔和昏暗的光线。

⑥用鼻呼吸：尽量保证呼吸道通畅，用鼻呼吸（如有必要，可用通鼻贴一类帮助呼吸道通畅）。避免张口呼吸，以减少夜间口干、打鼾等不适感。

4. 优化睡眠环境

理想的睡眠需要一间布置合理的卧室，卧室的环境对睡眠有很大的影响。白天忙碌一天，身心俱疲，夜间需要充足、良好的睡眠来缓解身心的疲劳。那怎样的卧室环境能保障良好的睡眠呢？

① 简化卧室装饰：卧室本质是休息的场所，随着社会的进步和科技的发展，卧室中的装饰品越来越多，也在一定程度上影响了现代人的睡眠。建议卧室不宜放太多装饰品，如颜色鲜艳的图片、挂件等，墙壁颜色以白色、灰色或其他浅色为主。去除卧室中不必要的电器，如电视、平板电脑、投影仪等等。窗帘以遮光好、颜色浅为宜。

② 温度调节：卧室温度不宜过高或过低，更不能忽冷忽热。可比卧室以外活动场所温度略低 1~3℃，通常 18~22℃最佳，过高或过低都会影响睡眠质量。此外，睡前洗温水澡有助于身体体温的调节与身体肌肉的舒缓。

③ 隔音措施：入睡前关闭卧室声源；为避免外界噪声，卧室可采用隔音效果较好的门窗；或者因经常出差导致卧室条件不一者，可选择舒适的耳塞来避免噪声的干扰。

④ 光线控制：关闭卧室中的光源，尤其是手机，最好关机，减少来自电子产品的辐射及光线干扰。

⑤ 卧室卫生：定期清洁卧室，保持环境干爽、整洁。同时定期除螨，以免引起皮肤问题。

5. 睡具与睡姿

一间理想的卧室，最重要的是睡具，睡具的舒适性直接影响睡眠质量。

床垫：选择软硬适中的床垫，以支撑脊椎，避免软床垫带来的腰背不适。

枕头：根据个人的睡姿(侧卧、仰卧)来选择合适的枕头。侧卧时，需要高支撑，仰卧时，需要较低高度，要选择适合的枕头来保持颈部舒适。

被褥：我们要时常换洗，被子不宜过重，以柔软贴身为佳。在能够保证睡具卫生的情况下，根据个人习惯，可酌情减少入睡时的贴身衣物，以轻薄柔软的睡衣为主。睡姿以侧卧最佳，如果是右利手，向左侧卧睡为宜；而左利手，则建议右卧睡姿为佳。避免长时间仰卧或趴睡，以减少颈部压力。

6. 睡眠认知调整

有时外部条件我们无法控制，但是睡眠心理认知是可以通过自我调节实现的。即使没有最佳睡眠环境，也要尽可能减少外界干扰，实现有限环境内的最佳睡眠。常见的睡眠误区有以下几种。

① 不管年龄多大，都应该睡足 8 小时

不同年龄段、不同人群的睡眠需求不同，有的人睡 6 小时就足够，有的人需要睡 8 小时才能精力充沛。重点是

要保证深度睡眠的时长和质量，而不在于"躺了多久"。而且一般随着年纪的增大，我们对睡眠的需求也会逐渐减少，很多时候我们生理上的睡眠需求已经满足了，但在心理上我们还希望多睡会儿，能够睡足 8 小时。心理上的期待反而让我们对睡眠更加关注，长期以来沉浸在这种不良的暗示中，就会影响我们正常睡眠的过程。即使为同龄人，睡眠时间也会因人而异。

② 早点上床可以多睡一会儿

有些人担心睡眠不足，所以希望早点上床，早点睡觉，通过延长躺在床上的时间来改善失眠，然而这种对睡眠的期待、对睡眠的过度关注，反而让大脑皮层更加兴奋，人为地干扰正常的睡眠过程。其实睡眠是一个自然而然的生理过程，有了困意之后躺在床上你会很快地睡着。人正常的睡眠分为深睡眠和浅睡眠，睡眠质量的好坏取决于深睡眠所占的比例，有的人是长睡眠型，有的人是短睡眠型，因为这两种类型的人深睡眠时间差不多，所以都能达到同样的休息效果。增加卧床时间反而会降低睡眠效率，影响睡眠质量。

③ 过度劳累会导致失眠

日间工作过于繁忙时，会使身体紧绷，导致入睡时还处在紧张状态，大脑皮层兴奋，无法快速入睡。因为劳累，我们下意识地希望赶快休息，睡个好觉，以免影响第二天的状态。这种迫切的需要让我们更加紧张、焦虑，反而破坏了自然的睡眠状态，越着急越睡不着，越睡不着就越着急，形成了恶性循环。相反，不对睡眠过度关注，反而能够很快放松下来，自然地入睡。

④ 每天晚上一定要按时上床睡觉

每个人都有自己的睡眠生物钟，这个过程是在年复一年、日复一日的生活中形成的。每天晚上按时上床，有助于生物钟的形成，有助于身体健康。但这个按时并不一定是完全固定的时间点，而是一段时间。如果太过于强调时间，一定要求自己在几点睡着，这样刻意的追求反而不符合睡眠是自然生理过程的规律，对睡眠起到破坏作用。

⑤ 因外界的声音、光线等刺激而失眠

睡不好时，我们会对睡眠更加关注，不仅对睡眠关注，甚至对周围的一切都格外关注，哪怕是很小的响声，微弱的光线都会不由自主地去注意它，认为它们影响了自己的睡眠，导致心情烦躁。这种感觉会让自己处在紧张状态，破坏了睡眠的自然过程。

改善睡眠不仅仅是简单的"多睡觉"，而是需要综合考虑作息时间、睡眠环境、生活习惯、心理调适等因素。只有全面改善睡眠质量，才能真正享受每一个清晨的到来，感受到活力与健康。希望我们每个人都能找到适合自己的睡眠方式，享受优质的睡眠，每天醒来都充满活力！

小测试

你的睡眠是否已经出现问题？

01 难以入睡：躺在床上翻来覆去，无法睡着。

02 频繁醒来：夜间醒来多次，或者即使能睡着，也容易惊醒。

03 早醒不再入睡：比预期早 1~2 小时醒来，无法继续睡。

04 醒来后疲惫感依旧：即使睡了七八个小时，早上醒来时仍然觉得头昏脑胀，疲惫不堪。

 如果你有以上情况，说明你的睡眠已经出现问题了。

03

失眠抚慰：摆脱"很困却睡不着"的死循环

明明很困却舍不得睡？说的就是我吧！

明明眼皮已经开始打架了，大脑也在疯狂提醒自己，已经 12 点了，该睡觉了，但就是舍不得放下手机，心里想着"再看 5 分钟吧，就 5 分钟！"……结果一看就是两小时……哎，又控制不住熬夜了。

这个事儿我可没少干，而且可以说是经验丰富的老夜猫子。我记得小时候睡得还挺早，不知从什么时候开始，睡得越来越晚，而且到了晚上，即使困得不行，也睡不着，想着再干点什么，但其实除了熬夜，也没干什么正事。你是不是也跟我一样？

那么，为什么我们宁肯熬夜也舍不得睡呢？

1. 心理补偿：白天属于别人，夜晚属于自己

现在生活节奏快，变化大，无论是孩子还是成人，白天都被各种事情填满，很少有属于个人自由支配的时间，容易出现"报复性熬夜"。这种"报复性熬夜"就是典型的心理过度补偿：白天属于别人，夜晚属于自己。我想干啥就干啥。

就连 3~6 岁的小朋友，白天也是根据老师的安排来活动、游戏，晚上回到家好不容易能随意蹦跶，玩喜欢的玩具，跟父母一起玩，自然兴奋无比，舍不得睡。更别谈工作族、学生党了，各种工作和学习任务应接不暇，等到下班了或者放学了，终于有了自由时间，可能还会被各种聚会和作业塞满。而且手机的发明，让我们随时处于关系网中，使得社会联结超负荷，带来巨大社交压力。只有在夜深人静的时候，时间才真正属于自己，面对这来之不易的时间，我们唯恐浪费一分一秒，所以即便困得睁不开眼，也要硬撑着，不然这一天好像就白过了。

另外，随着社会的进步，现代社会的文娱活动越来越丰富，诱惑也越来越多。为了补偿自己，用熬夜娱乐来弥补白天的压抑感，导致大脑兴奋，熬夜根本停不下来。

2. 逃避现实：睡觉意味着今天结束，新一天到来

有一些人熬夜，虽然没有补偿心理，也不是因为工作、学习任务过多而熬夜，他们只是不敢睡！为什么不敢睡呢？

如果睡着了，这一天就结束了，一眨眼新的一天就开始了。新的一天开始，意味着又有一堆新的任务、挑战，或者压力。不睡觉仿佛时间就能停下来，新的一天就能来得晚一些，从而出现睡觉拖延。

有时候第二天面临一项重大的选择，或者不确定结果的面试、汇报、考试等等，紧张、焦虑，害怕面对，也会导致我们迟迟不肯睡去，仿佛这样就可以不去面对第二天的未知情况。

3. 习惯性拖延：再玩一会儿，就一会儿

还有一些人，本身就存在着习惯性拖延的不良习惯，就像有些人经常喊着减肥，结果每次吃饭时总会说"吃完这顿再减吧"一样，遇事习惯性地说"等会儿再干吧""明天再开始吧"，结果一拖再拖，不了了之。在睡前习惯性地玩手机、看电视、打游戏，也会下意识地想着"再玩一会儿，就一会儿"，结果越拖越晚，越晚越精神，不断挤压睡眠时间，毫无察觉地熬夜了。

4. 群体效应：随大流的夜生活

分享欲是每个人都有的，随着网络社交媒体的发展，大家喜欢在朋友圈、微博、短视频上分享生活。当然少不了夜生活的分享，这样一来我们不仅多了许多熬夜的选择，还会为了与大家同频，去努力加入夜圈的生活中。熬夜自然也就变多了。

大家都在熬夜，看起来好像成了生活和社交的必备选项，尤其是如果身边的人都在熬夜，我们内心会有种"熬夜很正常，不熬夜融不进去"的错觉。甚至有时候同事们都在熬夜加班，自己不熬夜加个班，不做点什么好像自己"不够努力"。为了避免跟别人不一样，所以干脆随大流好了。

5. 被迫熬夜：打工人的痛

有些人熬夜并不是心甘情愿的，而是被生活和工作无情地"绑架"了。加班、临时会议、项目攻关、家庭突发事件，本来只想下班后好好休息，结果不是领导让加班，就是有紧急事情需要处理，等忙完之后已经深夜了。虽然很想对熬夜说"不"，但是经济压力、家庭责任等都不允许自己停下来，只能硬着头皮继续熬下去。虽然是被迫的，但是时间久了，睡前总会忍不住翻看手机，检查是否有遗漏的任务，或者是否有新的任务信息，舍不得睡去。

这样熬夜的结果就是第二天起不来，疲惫不堪，注意力不集中，还有头晕头痛等不适症状，长期如此会影响身心健康：昼夜节律失调，会扰乱内分泌与代谢，增加患心血管疾病、糖尿病等慢性病的风险；长期睡眠不足还会使人体免疫力下降，使身体对抗感染和疾病的能力下降；影响大脑功能，记忆力、注意力和判断力都会受到影响，导致学习能力和工作效率下降；情绪不稳定，焦虑甚至抑郁，增加患心理疾病的风险；熬夜还容易出现黑眼圈、肤色暗沉、细纹增多等问题，加速皮肤衰老。

　　熬夜的危害涉及方方面面，但我们总是"明知故犯"，那如何做才能尽快改正熬夜的习惯呢?

1. 规律的作息

　　每天设定一个固定的睡觉时间，并尽量遵守，这样可以帮助身体形成生物钟。最初做时会有些难度，我们可以借助闹铃给自己一个提示，将闹铃时间设置在一段时间内，比如22:00—22:30，在这个时间段起始两端各设置一个闹铃来提醒自己睡眠时间已到。早上起床也同样固定一个时间段，避免过度赖床，帮助身体形成相对稳定、规律的作息。

　　睡前可以做一些有助于睡眠的放松活动，让身心逐渐进入睡眠状态。放松活动可以选择:温水泡脚、听舒缓音乐、阅读等。

2. 逐步提前睡眠时间

　　熬夜时间久了，入睡时间会变得很晚，即使固定了作息时间可能入睡仍然困难，这时我们可以尝试每天或每两天提前 10~15 分钟睡觉，慢慢调整到理想的作息时间，给身心一个适应的过程。

3. 营造睡眠环境，避免光线等干扰

　　睡前一小时，关闭电视，减少活动、减少噪声，避免剧烈运动，避免强光，不要饮食，不要使用电子产品，调暗家

中光线，尽量不要使用手机和电脑等发光屏幕，尤其是容易被手机信息通知吸引的人，不要因为一天没有完成所有任务而感到焦虑，打开免打扰功能，关掉消息通知。告诉自己："已经很晚了，我需要做的只有睡觉。"该睡觉时就睡觉，学会享受睡眠，而不是通过熬夜来"补偿"自己。

4. 充实日间生活，提升满足感

白天合理安排工作和休闲时间，避免压力积攒到晚上。另外，保持适当的运动和休息可以帮助我们改善情绪，降低因焦虑而熬夜的可能性。

你可能会说，白天没有太多休闲时间。但是时间就像海绵里的水，只要我们重视自己的身体健康，怎样都可以挤出时间来活动的。比如每隔 2 小时，抽出 5 分钟时间站起来走动一下，哪怕喝口水，去趟厕所等；中午有休息时间尽量外出晒 20 分钟的太阳，许多办公族中午有外出散步的习惯，这比趴在桌子上午休要健康得多，而且对夜间睡眠帮助更大。当然，如果白天注意力集中时，尽量提高效率，完成一天工作计划，避免把工作延续到夜晚。

现在，我将方法都提供给大家了，最重要的是大家不仅要学会，更要做到哦！

最后，再提醒一下，"熬夜危害千千万，早睡早起身体好"，所以，今晚就别再"报复性熬夜"啦，赶紧关灯睡觉吧！

04

越睡越累："补觉"其实是一场无效充电

现代生活节奏快，工作压力大，很多人经常熬夜加班，导致夜间睡眠严重不足，只能通过白天睡觉来弥补，恢复精力。但是你有没有发现？有些时候补觉时间越长，反而越觉得疲惫，甚至出现头痛、头晕、情绪低落、烦躁等情况，这是为什么？

一. 补觉是越睡越累的原因

1. 生物钟的紊乱

我们体内有一个生物钟，也称作昼夜节律。它调控着睡眠、体温、激素分泌等多种生理功能。正常情况下，通过生物钟调节，我们会在夜间进入睡眠状态，白天保持清醒与活力。但是熬夜后生物钟就会被打乱，身体就不知道该在什么时候休息了。尤其，熬夜后即使补觉，也难以让生物钟迅速恢复正常，身体各项功能也可能依然处在失调状态。这种失调会使人感到困倦，注意力难以集中，严重时还可能影响消化系统、代谢功能及免疫系统等。

2. 睡眠结构受损

睡眠并非简单地闭眼休息，而是有自己的周期及阶段，包括浅睡、深睡和快速眼动睡眠等多个阶段，这些阶段各司其职，共同促进身体修复。

睡眠不足会使原本应该在夜间完成的深睡眠时间大幅减少，而补觉时却很难让我们进入深睡眠状态。缺乏深睡眠，身体和大脑得不到充分休息，醒来后就容易感到疲惫。

除此以外，补觉越多越累还跟快速眼动睡眠感缺失有关，这个阶段对我们的情绪调节和记忆整合极为重要。熬夜后这一阶段很容易变短或缺失，出现不连贯的情况，而补觉无法弥补这一点，从而影响情绪、认知及记忆功能。

3. 分段睡眠带来的中断效应

夜间连续的睡眠能让身体顺利完成多个完整的睡眠周期，补觉往往是分段睡眠，无法实现连续且完整的睡眠周期。

在日间补觉中睡眠周期容易被打断，几次短暂的小睡虽然能带来短暂的恢复，但往往难以达到深睡眠状态，反而让大脑在不断中断和重新启动中疲惫不堪。而我们每次醒来时，基本都会经历一个"睡眠惰性"（又称睡眠惯性）阶段，就是刚醒来时迷糊、反应迟钝、感知能力下降。睡眠不足时睡眠惰性越明显，而日间补觉即便时间很长，也很难保证完整的睡眠周期。

4.心理预期与情绪效应

除了生理因素外，心理预期也会影响补觉效果。很多人对补觉期待过高，认为"多睡一会儿就能完全恢复精力"，期待越高落差越大，一旦补觉醒来发现自己依然疲惫，容易引起焦虑等负面情绪。

然后，长时间的补觉还会让我们产生依赖感，经常依赖补觉来弥补熬夜带来的睡眠不足，容易导致生物钟紊乱状态不断累积，形成一种难以摆脱的失调状态，会让人觉得无论怎么补觉，都无法真正恢复精力。

二.补觉常见的错误行为

还有一些人在熬夜或睡眠不足后采取了一些错误的补觉行为，也会加重越睡越累的情况，常见的方法有以下几种。

1.补觉时间过长

有些人认为睡得越久恢复得越好，往往会在白天补睡超过一小时，甚至长达数小时。但是长时间的补觉容易让我们进入深睡眠阶段，醒来后会出现严重的"睡眠惰性"，导致头脑昏沉和注意力难以集中。而且，过长的白天睡眠还可能干扰晚上的正常入睡，最终形成恶性循环。

2. 补觉时间不当

有些人会在下午或傍晚时分补觉，认为只要能补足睡眠时间就行。但我们的生物钟在下午后期已经开始向夜间模式转换。此时，补觉容易打乱夜间睡眠节奏，使我们晚上难以入睡，进一步加剧昼夜节律的混乱。

3. 环境不适宜

不少人在办公室、车上或者嘈杂的地方补觉，缺乏安静、舒适的睡眠环境。尤其是嘈杂或光线过强的环境会使人难以完全放松，即便睡的时间足够长，也难以进入深睡眠状态，睡眠质量也会大打折扣，难以恢复精力。

4. 补觉时间与正餐时间混杂

还有些人习惯饭后立即补觉，以为此时间段是补觉的最佳时机。其实，饭后犯困的主要原因是，饭后消化系统需要更多的血液供应，使身体处于消化状态，所以容易出现困倦。而饭后立即补觉，不仅不能实现补觉的效果，还有可能使我们消化不良，自然睡眠质量也是难以保证的。

我决定
真心对自己
好一点

三．如何科学合理地补觉

既然我们了解了补觉越多越累的原因和常见错误，那么我们如何才能做到既科学又有效地补觉呢？

1. 合理的补觉时间

补觉以短暂小睡为主，建议午睡时间控制在 20~30 分钟。这段时间足以让大脑得到休息，同时又不会进入深睡眠阶段，从而避免醒来时的"睡眠惰性"。最佳的午睡时间一般在 12:30~14:00。此时，人体正处于自然的低能量期，可以短暂补充能量，但又不会干扰夜间的正常睡眠。

2. 逐渐调整作息

尽量每天保持固定的上床和起床时间，即使熬夜加班需补觉，也应在总体作息中保持稳定的节奏。规律的作息有助于重置生物钟，让身体更容易进入深度休息状态。如果长期熬夜加班，以及白、夜倒班，那我们不能急于求成，需要逐步调整生物钟，每天提前或推后 15 分钟，直到恢复正常作息。

3. 调整心态，放松身心

放下对补觉的过高期望，不要把补觉当作弥补熬夜的"万能灵药"，而应将其作为短期内缓解疲劳的辅助手段。保持积极心态，相信只要坚持良好的作息习惯，整体状态就会逐步改善。

参考前面所讲到的睡眠质量提高方法，补觉前可以做一些放松的活动，如深呼吸、听轻音乐、泡脚、冥想等，帮助身体和大脑从紧张状态中平稳过渡到休息状态。

4. 注意饮食与运动

避免在补觉前进食过多，或吃油腻的食物，以免身体负担过重，难以进入高质量睡眠状态。如果确实需要进食，可以选择轻食，如蔬菜、水果、酸奶或全麦面包等。规律的运动有助于改善睡眠质量，但需要注意的是，不要在补觉前剧烈运动，以免身体过于兴奋，影响入睡。

5. 学会分辨身体信号

每个人对补觉的需求不同，有的人适合短暂的小睡，有的人可能需要稍长时间的休息。我们要注意观察自己的身体反应，调整补觉时长和频率，找到最适合自己的节奏。要记住补觉只是临时调节状态的手段，要避免依赖补觉来恢复精力。

补觉之后可以按揉面部、洗把脸或做轻微运动，这样有助于快速清醒，缓解"睡眠惰性"，避免因长时间补觉而导致的昏昏欲睡。

我决定
真心对自己
好一点

　　现实生活中熬夜加班或上夜班很难避免，补觉就变得尤为重要，然而每个人的身体状况和生活节奏不同，找到最适合自己的补觉方式才能让我们在繁忙、疲惫的生活中快速恢复精力，充满活力。但补觉并非"万能灵药"，它只能作为一种短期缓解疲劳的辅助手段，千万不可以完全依赖补觉来恢复精力和保障身体健康。

快速入睡小方法，准备好了吗？

01 找个舒适的姿势坐下来或躺下来。

02 将注意力放在眼睛上，自然地转动眼珠，安静下来。

03 闭上眼睛，做翻白眼的动作，停留 4~7 秒（或更长），
可以多循环几次。

 没一会儿就会觉得眼皮很沉，顺
势睡下去就好了。

第九章

在摇摇晃晃的世界中寻找生活与心理的平衡

01

生活节奏感：生活与心理的动态平衡哲学

有没有感觉到，我们的生活越来越繁忙了。

有一次，深夜下班，路过某大厂办公楼，里面灯火通明，我忍不住发出感慨："哇！这么晚还在加班？这也太拼了吧。"出租车师傅笑道："一看您就不常过来，这种情况太常见了，这一片儿基本都是如此，我差不多每晚12点后都会来这里'趴活儿'。这是个下班点，大单很多（远距离乘车），再晚一些还会有下班的人。"后来，有一次去一个大厂参观，看到办公室工位旁边摆了好几张折叠床，我试探着问了一下："这是午休用的吗？"接待的小姐姐说："是晚上加班用的，有时候加班太晚了，就直接住公司了。"即便是熬夜成习惯的我，也被震惊了。

不要以为只有成年人的世界才这样忙，我之前每天乘坐地铁通勤，早上 6:30 的地铁里挤满了人，在拥挤的角落里，常常看到座位上看书、做题，或蹲在角落里戴着耳机背书的学生族。我曾经跟一位学生家长聊天，得知现在很多孩子每天早上 6 点起床，下晚自习回家已经晚上 10 点，还要继续写作业。虽然大人很心疼，但是无法停下来，也不敢停。来看门诊的青春期孩子多数如此，繁忙程度堪比成人，甚至更忙。

停不下来的打工人，停不下来的学生，好像一切都停不下来，不知何时，我们似乎陷入了一个怪圈：越忙碌越焦虑，越焦虑越停不下来。世界卫生组织发布的数据显示，全球每年因工作压力导致的抑郁症患者高达 3.5 亿人；而盖洛普调查显示，全球仅 20% 的职场人认为自己在工作和生活间实现了平衡。这不禁让人思考：在这快节奏的时代，我们该如何在忙碌中保持心理健康呢？

一 . 忙碌是把双刃剑

1. 积极的忙碌

记得我博士毕业前写论文，经常熬夜到凌晨三四点，但是丝毫不觉得累，满是写论文的兴奋感和成就感，内心很充实。神经科学研究显示，合理的挑战性任务可使前额叶皮层活跃度提升 40%，这种状态被称为"建设性紧张"，有助于任务完成。适度的忙碌就是如此，它能促使我们更有动力、更专注地去完成任务，达到目标。这样会给我们带来正向的刺激：在忙碌过程中，我们会产生沉浸式的愉悦感，体验到"心流"；完成目标时会触发多巴胺奖励机制，大脑会分泌快感物质，让我们感到幸福，获得价值感、成就感。

2. 过度的忙碌

过度的忙碌其实是一种隐性的对身心健康的剥削，长时间的高压工作会导致皮质醇水平上升，引发失眠、胃痛、头痛，甚至免疫力下降等问题。连续几天的高强度工作，可能让人感到极度疲劳、烦躁易怒，注意力不集中，记忆力下降，甚至出现身体不适等。大家应该都遇到过，太累的时候身体会不舒服，有些时候会出现头痛、胃痛、恶心或睡不着觉、健忘等情况。

别说持续高压工作 6 个月，我连续高强度忙碌四五天，就受不了了，开始烦躁易怒，说话带刺，觉得身心俱疲，啥都不想干，即便玩自己平时最喜欢的游戏也觉得没意思，紧接着还会出现感冒症状。这就是过度忙碌的消极影响。

二. 我们为什么停不下来？

我们有时候明明知道过度忙碌会给自己带来很多负面影响，但还是停不下来，这是为什么呢？

因为许多人内心有一种"错过焦虑"，担心一旦停下来，或"躺平"后会错失良机，休息的时候总会控制不住地出现愧疚感："别人都在工作，我却在休息，真是太不应该了。"

有一项调查显示，城市中 73% 的人存在这种"休息愧疚症"。

有些人总觉得时间来不及，不够用，想尽一切办法加快速度，尽快完成工作任务，这样会让他们在短时间内压力剧增，引发焦虑。

还有一些人是因为社交压力，不得不逼迫自己加入忙碌大军，或者在朋友圈或社交媒体上看到别人的成功，内心焦虑，自己给自己施加压力，去努力，去加班。另外，现在有很多人在贩卖"成功焦虑"，好像不做出点成就就是失败者。这些都会导致我们不敢停下来，但越忙越焦虑，越焦虑越拼命，形成恶性循环。

三 . 如何在忙碌与健康中寻找平衡

1. 明确重要程度，划分优先级

避免过度忙碌，达到平衡，首先我们要学会区分忙碌对象的重要程度及意义。我们目前忙碌的事情是否能够带来自我价值的提升？如果答案是肯定的，则可以认为很重要和有意义。比如，学习一项新技能，交到一个好朋友。相反，如果我们做一件事情毫无收获，那就是消耗我们的精力，浪费时间。比如，参加一场互相吹捧、互相炫耀的聚会。这样的聚会就是毫无价值和意义的，没有必要为了这次聚会放下手中的工作。当我们学会区分后，我们可以给这些任务或事件分个重要等级与紧迫等级。优先做重要等级高或紧迫等级高的事情，毫无价值的事情要坚决舍弃。

2. 合理规划，避免全天候工作

很多人的忙碌杂乱无序，生活与工作混杂在一起，没有明确休息和工作的界限，导致休息也休息不好，工作也难以专注。所以，我们要建立清晰的时间界限，给自己留足休息时间。

大概制订每一天的计划，可以利用日历等设置相对固定的时间提醒。比如，几点上班，几点下班。下班后做一些简单的仪式。比如，整理工作桌、关掉电脑、换上轻松服装等；微信、邮箱、QQ 等设置免打扰模式等，明确告知大脑：工作结束了，接下来就是放松时间。

3. 有效休息，拒绝"愧疚"

工作时间内，每 1.5~2 小时提醒自己站起来伸伸懒腰、活动一下、喝点水或者及时排便等。等待开会的间隙，可以做扩胸运动、伸展运动等。

相对固定三餐时间，应该按时就餐。此外，在三餐后，尤其是午餐后，可留出 30~60 分钟的休息时间。

每当完成一项任务时，就给自己一个奖励。比如，喝杯茶、听首喜欢的歌曲、休息几分钟或几小时等。告诉自己停下来休息，并不意味着懒惰，而是为了更好地前行，摆脱"别人都在工作，我在休息"的心理负担，真正让身心获得放松。

4. 建立健康生活方式，促进身心同步恢复

规律运动、健康饮食，以及养成良好的睡眠习惯等，也是实现健康生活方式的必要保证。

规律运动。我们可以固定运动时间，当然时间不用太久，每次 30 分钟或以上的有氧运动，如快走、跑步、骑车等，可以帮助我们释放压力、改善睡眠和增强心肺功能。

健康饮食。不要盲目节食或错误控制饮食，尤其是工作强度大的人群，这样做容易导致身体营养不良，引发健康风险。平素饮食中注重均衡摄入富含蛋白质、复合碳水化合物和健康脂肪的食物，减少高糖和高脂食品的摄入。定时、定量进餐，不仅有助于维持体能，还有助于稳定情绪。

良好的睡眠习惯。重视睡眠，不要为了工作、学习或其他事情而透支睡眠，给自己设立固定的作息时间，保证充足睡眠。

5. 忙中有闲，获得更多满足

避免单一的生活工作模式，多多培养兴趣爱好。尝试参加一些与工作无关的兴趣活动，不必追求专业，也不一定要上学习班或参加培训，自学也可以。如，音乐、绘画、烹饪或摄影等，喜欢、享受是发展兴趣的首要条件。这样的活动不仅能调剂生活，还能激发创造力，给我们带来心理满足感。

注重家庭和社交，很多人忙碌起来忽略家庭、忘记朋友。其实，很多时候家人、朋友才是我们在艰难时期最坚强的依靠和支撑，无论多忙，都应该安排时间与他们相聚、交谈。比如，每周末聚餐、参加户外活动，或者一起去郊外游玩，都能为忙碌的生活注入温暖和情感支持。

又或者时不时来一场说走就走的旅行，让自己从繁忙的工作中暂时抽离，也能够让我们感觉到自由和轻松，不同的风景和文化能激发我们对生活的热情。

记住这些方法不是让我们变得更忙碌，而是在忙碌的空隙得到一丝休息和放松。如果你觉得某种方法没有让自己放松，反而压力更大，那么毫无疑问要放弃它。

真正的平衡不是忙碌与休息精准的"五五"分，而是保持前进节奏的同时，守护身心健康，在生活与工作中找到适合自己的平衡点，让工作和生活相辅相成，这样我们才能在长跑中保持动力。

最后，愿你在忙碌中能拥有片刻宁静，活出既充实又健康的精彩人生！

你是否过度忙碌呢？

01 连续 3 周早晨醒来的第一感受是疲惫。

02 对曾经热爱的事物失去兴趣。

03 出现不明原因的肌肉疼痛或消化紊乱。

04 注意力持续时间缩短至 20 分钟以下。

 如果出现以上症状，很可能你已经处于身心健康失衡中了，要赶快给自己放个假，让身体恢复活力。

02

侵入性思维: 与突如其来的"坏想法"强制脱钩

不知你有没有过这样的经历:

好不容易快完成工作, 突然开始担心电脑会黑屏;
抬头看着旋转的电风扇, 突然担心叶片会飞出来;
靠近桥边或高楼窗边, 突然冒出跳下去会怎样的想法;
填写一份非常重要且不能涂改的文件时, 突然担心写错字……

这些突然冒出来的令人困扰的念头, 经常毫无征兆地进入我们的脑子。我们经常会被这些念头搞得哭笑不得:"我怎么会有这么奇怪的想法!""这种担心完全没有理由呀!"有的人还会体验到担心、困扰、害怕等复杂的情绪。这种情况在心理学上被称为"侵入性思维", 是一种非常普遍的心理现象。

我们可以将"侵入性思维"理解为一种"迷路"或"走错路"的意识流。人类的大脑非常复杂，每天有非常多的意识在流动，大脑每天通过我们的眼睛、耳朵等接收非常多的信息。这些信息有时候会被大脑自己"悄悄"加工成怪诞的想法，隐藏在我们的意识流里，这些垃圾想法是无意义的，大部分时候我们并不会意识到它的存在，当然也就不需要理会它。当你发呆放空、压力大，或者有点焦虑的时候，它们可能就会瞅准时机跳到你的意识层面，突兀地出现在你的脑海中。

需要注意的是，"侵入性思维"并不反映一个人的真实意愿或性格，而是一种大脑自然运作的结果。所以当你大脑出现奇怪念头的时候，不要觉得自己是不是"内心阴暗"，大多数时候这些想法在脑海中一闪而过，不会对我们造成困扰，但有的人会反复纠结于这些侵入性思维，从而产生强烈的痛苦情绪。

那么，"侵入性思维"常见的表现是什么呢？

灾难性的想法。担心一些极端不可能发生的事件，比如走在路上突然担心发生地震，开始四下张望哪里适合躲避。

暴力或攻击性念头。比如脑海中突然冒出伤害自己或他人的画面，尽管你从未想过付诸行动。

不合常理的担忧。比如害怕自己忘带钥匙，或者忘记锁门。

强迫性思维。比如不断纠结过去的错误，或者反复思考毫无意义的问题。

侵入性思维的产生看似没有规律，但常常与大脑的认知和心理状态密切相关。哪种情况下容易产生侵入性思维？

1. 思维的自动"跑偏"

人的大脑每天处理数万个想法，偶尔冒出一些"奇怪"的念头是正常现象。我们的思维有时会自动"跑偏"，但绝大多数侵入性思维转瞬即逝，我们不会沉溺在这些想法中。另外我们常常会下意识地否定这些想法，或者采取一些行动。比如开头说的，担心电脑突然黑屏，那么我可能会按一下文档的保存按钮，再检查一下电脑的电源线；担心风扇的叶片掉落，我可能会离开那个房间……在采取这些行动后，这些奇怪的念头就很快被抛之脑后，不会再对我们造成影响了。

2. 焦虑和压力的影响

虽说侵入性思维有时候不一定会带来负面影响，但焦虑常常会放大侵入性思维的影响。当我们处于压力之下时，大脑更容易反复聚焦在消极或极端的想法上。长期的焦虑或紧张状态，会让侵入性思维的强度和频率增加。如果你发现自己在日常生活中花费大量时间与精力努力应对这些负面或怪异的"侵入性思维"，比如上课经常走神想"学校门口会不会有坏人"而导致没办法集中注意力；又或者睡觉之前脑子总是像放电影一样播放不美好的经历，那么此时的你可能存在一些焦虑情绪，如果自己无法调节的话，就需要尽快寻求专业人士的帮助。

3. 强迫症

有一种侵入性思维是病理性的，反复出现的强烈、不合理或无法控制的"侵入性思维"，又称强迫思维，是强迫症的核心症状之一。患有强迫症的人对这些强迫性思维的感知更加敏感，也更容易陷入无休止的思维反刍（反复思考）中。比如某人可能因为一个突然冒出的念头"我今天是不是说错话了"而反复回忆，质疑自己，虽然自己知道没有必要，但是难以控制，回忆过程中时常怀疑自己，明明知道回忆有错，但又不得不从头回忆起，加重了自己的痛苦和不安。

其实大多数人的"侵入性思维"就像大海中的小浪花一样，不去关注它很快就会归于宁静，但也有些"侵入性思维"会令人困扰，这时就需要我们通过科学的方法来缓解。

首先，要正确认识"侵入性思维"，避免因误解带来的心理压力

有人认为"侵入性思维反映了我的真实欲望"，真相是：侵入性思维与个人意愿无关，有时甚至与我们的价值观背道而驰；有人认为"侵入性思维说明我心理有问题"，真相是：每个人都会经历"侵入性思维"，它本身并不是疾病的标志。但如果它频繁出现且干扰生活，可能需要专业帮助；有人认为"侵入性思维是危险的，必须去压制它"，真相是：大多数侵入性思维并不会导致实际行为，反而因为你试图压抑它，它会显得更强烈。

很多研究表明，虽然"侵入性思维"常常是负面的，可能还是带有暴力和消极的，但侵入性想法并不会使人的暴力倾向增加。比如尽管我们会产生站在高处边缘想往下跳这种想法，但我们并不会付诸行动。这种想法反而更像一种信号，警告我们离边缘远一点会更安全。所以不要为"侵入性思维"预设很多的负面想法，而要把它当作一种偶然发生的现象，就像每个人都会感冒一样。

其次，理解和接纳，不试图控制或压抑

当我们试图与"侵入性思维"斗争时，其实是在强化它的存在。就像著名的心理学效应——"白熊效应"。在这个实验中，参与者被要求尝试想象一只白色的熊，结果参加实验的人发现当他们尝试不去想的时候，脑海中反而更迅速地浮现出一只白熊的形象。现在的你不妨试一下，不要去想白色的熊，你看看你会想到什么？

对于"侵入性思维"也是如此，每当我们努力去压制这些想法时，它们反而会更加清晰地出现。这就好比我们不断地告诉自己的大脑："这个想法很重要，我必须特别关注它。"于是，大脑就会更加频繁地产生这些"侵入性思维"，形成恶性循环。还有一些人"眼里揉不得沙子"，

不允许自己有一丝一毫的负面想法。物极必反，这种行为不仅不会消灭侵入性思维，反而因为排斥、拒绝导致内心恐惧，会更加关注这些无意义的念头，陷入困局。

此外，与侵入性思维较劲还会消耗大量的精力和心理能量，让我们感到疲惫不堪，还会因为花费大量的时间和精力在这些无意义的思考上，从而忽略了生活中其他更重要的事情。长期下来，可能会导致我们出现其他身心健康问题。

尝试理解和接纳这些思维，不给予它们过度的关注，以一种旁观者的角度去观察这些想法的出现和消失。比如当我在担心电脑突然黑屏的时候，我会告诉自己，"哦，我在这篇文章上花费了很多的精力，我很害怕它出问题，所以会突然出现这种担心，现在我把写好的内容赶紧保存下来，那就不会出现这个问题了"。

最后，将思维"打包"

冥想练习可以帮助我们应对"侵入性思维"。比如冥想中最常用的身体扫描练习或呼吸练习，可以把我们的注意力引向内部或外部，帮助我们远离思绪，缓解压力。

可视化练习是应对"侵入性思维"的好方法。比如把你的想法想象成天空中飘过的云朵，想象你平常看到的天空的云朵，它们是奇形怪状、变化莫测的，你无法控制它们，但它们是无害的，并不会影响到你，而且经常飘着就消失了，"侵入性思维"也是如此。不带任何评判地去观察你的思维，你会发现它们好像并不值得你关注。

思维"打包"练习也是应对"侵入性思维"的方法。将思维想象成传送带上的物品，想象得越具体越好。比如此刻我脑海中浮现出"明天坐火车会不会遇到小偷"，我开始把这个想法具象化，它应该是一个硬邦邦有质感的不规则球形，表面凹凸不平，摸起来应该是凉凉的，没有味道，我用意念控制它，想象着把它放进一个银色的盒子里，盖上盖子，然后上锁，在盒子上贴上"丢弃"的标签，把它丢到传送带上，传送带带着我的这个奇奇怪怪的想法走远了。我也很快把这个想法抛之脑后，开始想明天出门要怎么收拾行李，这个莫名其妙的念头就再也没出现在我的脑海中。

"侵入性思维"并不可怕，它是大脑的自然现象，甚至可以视为一种正常的心理活动。关键在于我们如何看待"侵入性思维"，并选择用何种方式应对它。当我们学会接受这些念头的存在，不再过度关注或抗拒时，你就会发现，"侵入性思维"对我们的生活干扰越来越少。当然，如果我们发现"侵入性思维"频繁出现且难以控制，不停地消耗自己，甚至感到痛苦，难以自我调整时，比如患强迫症，则需要及时寻求专业人员的救助。

03

戒绝过度操心：远离那些费力不讨好的事情

　　说起"爱操心"这个问题，我心里不自觉地会浮现出一个形象：中年女性，热爱家长里短，周围邻居、亲朋好友家的事情她都门儿清。这种人最大的特点就是平时非常热心。比如，帮邻居小李的孩子打听哪家幼儿园好；帮邻居老王的女儿介绍对象；又或者帮老张打听哪个养老院适合养老……这就是典型的爱操心，有些人乐在其中，但有些人却苦于操心。

　　操心本来没有明显的好坏之分，如果爱操心在自己能力范围内，不给周围人带来困扰，那么爱操心就爱操心呗，在一定程度上还挺受周围人欢迎的。但如果这种操心超出了正常的范围，一个人对生活中的任何一点琐事，或者尚未发生的问题产生持续且难以控制的担忧，甚至影响了别人的生活，给别人带来极大困扰，那么这种过度操心就需

我决定
真心对自己
好一点

要做出调整了。

　　过度操心常见于追求完美和性格敏感的人，主要表现为反复纠结细节、对未来过度担忧，或者对他人的言语和行为过分关注。比如，老李和儿子小李一起去商场为新家购买床上用品，小李根据自己的喜好，很快就选好了床单、被罩以及枕头等用品。结果老李在旁边，不是觉得床单颜色太素不耐脏，就是觉得被罩材质不够好，前前后后挑了好多家，好不容易买完了，老李又开始担心自己是不是买贵了？他反复询问儿子，这让小李很恼火，心里嘀咕："就是瞎操心，有这些时间干点啥不好。"老李就是典型的过度操心。

　　还有些人在人际关系中过度操心，体现在过度在意别人的感受，过度为他人考虑，没有边界感。比如，小炎在和同事闲聊，同事无意中说自己这两天有点麻烦事，小炎就赶紧问："什么事啊？怎么回事？我可以帮忙啊！"同事说："家里一点私事，很快就能解决了，不用麻烦你啦！"结果小炎似乎没有听懂，询问了好几次需不需要帮忙，同事由最开始的感激变成了厌烦，结果接下来的几天小炎没事就问同事事情有没有解决，弄得同事很烦躁，觉得小炎管得太多，瞎操心。小炎觉得自己很委屈，好心帮助同事还遭到了嫌弃，时间一久，两人关系也逐渐疏远了。

　　像老李和小炎这种在意细节、过分关注他人的情况，和"做事认真""乐于助人"不同，它超出了正常的界限，过度操心了。一个长期处于过度操心状态的人，就好像背着装满石头的背包爬山，明明体力有限，却总担心遗漏重要物品而持续不断往背包里塞石头，最终导致自己不堪重负。因此，过度操心是一个需要正视的心理问题。

一．过度操心背后的心理学机制

1. 完美主义的陷阱

过度操心的人经常把自我价值和事情结果直接挂钩。他们坚信只有事事都做到完美，自己才有价值。这种想法常常源自童年的经历。比如，父母过度严苛，或者从小没有得到周围人足够的认同，这种经历会让他们相信"越努力、越较真，将所有细节都做到最好，才能得到别人的肯定和接纳"。比如，有的学生坚信"只有考到 100 分才算成功，差一分就是失败"。这种认知偏差导致他们反复检查作业、过度看重考试，甚至出现"考试焦虑"，一到考场就紧张，头脑一片空白。事实上，绝对的完美是不存在的，就像你永远无法用工具测量海浪的弧度一样，完美永远都是相对的。

2. 对安全感的代偿

很多人过度操心实际上是缺乏安全感的表现。他们习惯通过过度操心来获得虚假的控制感，用过度操心的行为来缓解内心的不安，好像只有确定好每一个细节，控制好每一种可能，他们才会有安全感。比如，有一位母亲要求读大学的女儿每天晚上报备当天行程，随时都要把手机定位分享给她，甚至定期检查女儿的手机通讯录，来监控女儿是否在和"不适合来往的人"交往。这种过度控制让女儿窒息，女儿毕业后直接申请到国外的学校继续深造，就是想逃脱母亲的过度控制，后来更是嫁到国外，几年才回家一趟。

这位过度操心的母亲，其实是一个极度缺乏安全感的人。她觉得只要自己把一切都牢牢控制住，女儿就是安全的，她自己心里就是踏实的，却没有站在女儿的角度考虑问题。这样导致的结果就是，一旦有事情超出她的控制，她就会焦虑。于是，她只能使用操心这一行为来掩饰自己的焦虑，实际上是将自己的不安全感投射到女儿身上。

3. 救世主情结

有一部分过度操心的人是源于"救世主情结"。他们拥有过度的责任感，总是习惯性地扛下不属于自己的责任，觉得必须去帮助别人解决困境，否则就会感到内疚和焦虑。在这种情结的影响下，他们开始过度关心别人，甚至超出了正常的人际交往界限，给别人的感觉是：试图"操控"别人生活中的一切。

曾经有朋友跟我抱怨说，她的一个远房亲戚总是要给她介绍一些自以为条件很好的相亲对象，她拒绝了亲戚的好意，结果被亲戚批评不识好歹。过一段时间，亲戚又要继续给她介绍，乐此不疲。这一类过度操心的人并不知道，真正的关心是给予对方足够的尊重，而不是打着"关心"的幌子来"操控"他人生活。

二．如何改掉过度操心的习惯

过度操心的人常常把自己的情感和需求放在次要位置，甚至为了帮助别人牺牲自己的时间。长此以往，很容易让自己感到身心疲倦，甚至陷入焦虑。同时，过度操心的人经常会给周围的人带来负担，因为他们的关心超出了正常的人际界限，侵犯了别人的边界。因此，通过一些方法来改变过度操心的习惯，对自己和周围的人都有好处。

1. 建立人际边界

要改变过度操心的习惯，首先要学会区分"我能控制"和"他人决定"的事。比如，你总是操心同桌考试能不能考好，看到他不认真学习会非常生气和着急，甚至影响了自己的学习状态。那么此时你就要开始区分，"我能控制的事"是我可以认真复习；"由他人决定，我控制不了的事"是同桌是否自愿努力学习。当你做好这类区分之后，你会意识到，"哦，原来同桌是否认真学习是他自己控制的，并不是我的责任"。当你意识到这个问题后，焦虑就会减轻。

2. 坚定自我，增强自我认同

很多人的过度操心在于总是在意别人的看法，他们被别人的评价操纵和束缚着，被动地去改变自己，去操心很多事情，就为了得到别人的一句赞扬或认同。实际上，你要知道每个人对事物、对人都有自己的一套评价标准，别人对你的评价都是从他们的标准出发的。你对他有用，你就有价值；你对他没有用，你就毫无价值。

要改变这种过度操心，就需要提高自我认同感，你可以回想从小到大自己的优点和成就，不论大小，把它们写下来并常常复习，这样有助于你在内心建立积极的自我形象；要接纳并不完美的自己，每个人都有自己擅长和不擅长的领域，我们要做的是发现自己的优势并充分发挥它，而不是陷入沮丧中。

3. 享受当下，避免过度担忧未来

过度操心的人常常担忧未来而忽略当下，他们看不到春天万物复苏，百花盛开，也体会不到金秋送爽，硕果累累，他们的生活总是被各种各样的担忧填满。孩子尚未出生就担心喝的奶粉不合格；孩子要上学了担心孩子上不了好的学校；上高中了担心考不上好的大学；快毕业了担心找不到好工作；快结婚了担心婚姻不幸福……他们好像总是在担心未来，操心尚未发生之事。

实际上，当你回望过去，你会发现你担心的事情很多都没有发生，社会有其自然发展的规律，像我们父母这一代，能想象到现在的人工智能吗？所以，未来的发展不可预料，与其过度操心，担忧未来，不如着眼当下，脚踏实地，在现实生活中积蓄力量，自然可以应对未来的变化和挑战。

总之，过度操心是一种影响生活质量的心理现象，虽然出发点是好意的，但如果不加以调节，既会耗尽自己的

能量，也可能影响与他人的关系。通过合理设定人际边界、提升自我认同感，专注当下，我们才能有效避免过度操心，享受更加自在和轻松的生活。

我决定
真心对自己
好一点

04

焦虑转化器：用高段位"糊弄学"防 PUA[①] 指南

"哎！今天的会议发言会不会有点结巴啊？""领导问的问题要是答不上来，他会不会觉得我能力不行？""同事刚才看我的眼神是什么意思？""我是不是又说错话了？""这个项目要是搞砸了，年终奖会不会泡汤？""要是被辞退了，怎么办？"

从踏入职场的第一天起，还没等我们自己反应过来，我们的大脑可能就会上演一场场精彩的戏码，播放各种"灾难预告场景"：万一一句话没说对，被同事嫌弃；一个任务没完成，被领导训斥；一个眼神没接住，被领导讨厌怎么办？这种戏码不仅消耗精力，还会让我们在沟通时变得

---

① PUA，是 Pick-up Artist 的英文首字母缩写，原指恋爱技巧，现指通过各种手段操控他人心理和情绪的策略。

更加紧张,如履薄冰——越焦虑,越不敢开口;越不敢开口,越容易出错,最终形成恶性循环。

你知道吗?焦虑的本质,其实是我们大脑的一种自我保护机制,是大脑在提醒你"需要注意这个问题了",以便我们能够更积极有效地解决这个问题。运用得当,焦虑会督促我们积极上进,努力奋斗,但是运用过度,就会像电影《头脑特工队 2》中的"焦虑小人"一样,一旦出错,大脑会变得混乱,甚至宕机。在前面我已经讲过焦虑的事情,现在我主要分享一些在工作中减轻焦虑的沟通技巧,哪些技巧可以帮我们按下焦虑的暂停键,保持适度焦虑呢?

一. 改变不合理的思维方式,先驯服自己内心的"小剧场"

人人都是"戏精",大脑就是导演和剧场,想象一下你是不是经历过这样的场景和内心戏:"刚才会议上,领导让我补充意见,我支支吾吾说了两句就冷场了……他会不会觉得我能力不行?完了,下次升职加薪肯定没戏了!"

这里的焦虑源于哪里呢?过度解读他人的反应,自行给领导"加戏"了,而且加的不是好戏,是基于"灾难化"这一不合理的思维方式所进行的想象。灾难化的思维方式往往容易放大自身的错误,并且夸大它们的重要性和灾难性的后果。灾难化的下一步,就是自我否定。你会发现焦虑的发生是环环相扣的,且每一步都会进一步加重焦虑,那么我们该用什么办法打破这一"负面循环"呢?

我决定
真心对自己
好一点

　　首先，从焦虑的情感氛围中走出来，重新分析事件后采取行动。分析的时候可以从"事实""感受""行动"三个方面进行。事实是，领导在会议上点名让我发言。注意，这里只描述整件事，不要产生情感。感受，我因为紧张而表述不流畅，感到尴尬。只体会具体感受，避免附加过多的灾难化的联想。行动，下次提前准备发言提纲，或主动申请会后补充书面意见。经过这个过程之后，你会发现模糊的焦虑被转化为具体行动了，焦虑减轻了，事情也有进展了。

　　其次，改变不合理的思维方式，给大脑装一个"弹幕过滤器"。焦虑时，我们的焦虑念头就像屏幕上的"弹幕"，多得不得了，好的坏的难以分辨，这时我们需要给"弹幕"装个过滤器，只留下优质"弹幕"即可。我们可以这样反复练习：当内心冒出"我肯定搞砸了"时，我们可以试着反问自己："有这么糟糕吗？我这么想有证据吗？"想一下以往发生这种事情的场景：其他人也搞砸过类似的事情，但领导并没有因此否定他。再问一下："最坏的结果真的会发生吗？"比如"就算这次没表现好，我之前也做了很多事情"，也可以试着想一下"如果是朋友遇到同样问题，我会怎么安慰他？"人有时对别人总是比对自己宽容。通过这些思考，结合真实情况的反问，我们会过滤掉许多不必要的想法，这时就会发现情况没有那么糟，焦虑好像减轻了。

二．积极沟通，从"对人"变成"对事"

　　我在刚开始参加工作的时候也会有很多的纠结。比如，担心"课题申请书交上去三天了怎么还没回复，是不是我写得一团糟啊？要不要去问问？如果问了显得我急功近利，不问又怕耽误进度，怎么办？"这种焦虑从心理学的角度来说，往往是源于权力关系不对等带来的恐惧，和信息不透明引发的猜疑。我们会因为担心给领导"添麻烦"，或担心显得自己"很无能"而纠结于是否去积极沟通。这时我们要做的就是转变思路，把对人的担心转变为对事的解决上。在与领导沟通前，先明确自己这次要解决的问题是什么？是向领导汇报进度，是争取资源的支持，还是遇到问题想要领导帮忙解决。心里要明确我是为了解决这件事才去沟通的，而不是为了给领导留个好印象。当工作顺利解决之后，领导对你的印象自然很好。

在沟通前做些准备，也可以让自己更自信，减少焦虑，比如采用"结构化表达"（背景＋问题＋建议＋需求）给自己要沟通的事情列个提纲，可以避免在沟通时慌乱说不清楚。成功解决问题后，工作和沟通对你来说就不再是引起焦虑的事，而是驾轻就熟的事情。

另外，可以把"寻求评价"转变为"寻求指导"。比如，不问"您觉得我做得怎么样？"而是说"关于这次方案，您觉得哪部分可以优化？"把焦点聚焦在解决问题上，减少评价，也可以减少焦虑。

三. 积极寻求同盟，"团结就是力量"

工作中的同事并不是天然对立的关系，有的人因为工作前听了太多钩心斗角的事情，会不自觉地戴上"有色眼镜"看待同事，总是担心"同事今天没回我消息，是不是对我有意见？""上次合作时我提了不同看法，他会不会记仇？""这个事情需要跨部门推进，他们根本不配合"。实际上，还是那句话，当你把对人的关注转移到对事上，你会发现同事之间并不都是利益冲突，你们之间可以是天然的同盟："共同完成科室的任务，整个科室都得到奖励""优化这个流程，双方都减少了重复的工作量"。因此，面对工作中的难题时，可以试着想一想，这件事情的解决对哪些同事有好处？试着去寻求帮助，一起商议，你会在工作中发现合作的乐趣，所焦虑的事情也有人一起承担。

总之，工作焦虑就像一场大脑的"暴风雨"，而沟通技巧则是我们手中的伞——虽然不能阻止下雨，但能让我们少淋湿一点。而且焦虑并不是敌人，而是提醒我们"需要努力一把"的信号，学会使用沟通技巧，把每一次困难都当作锻炼的绝佳机会，勇敢去做吧！

身心疲惫疏解法

01 起身，离开座位，溜达一会儿。

02 打开手机或电脑，播放一首自己喜欢的歌曲。

03 去接一杯水，或泡一杯茶。

04 回到座位，闭上眼睛，边听边喝。

05 曲终身轻。

 如果做一件事太久，就换件事情
做，不要让大脑太疲劳哦！